夏热冬冷地区(浙江)建筑节能设计简明手册

曾理　主编

中国建筑工业出版社

图书在版编目（CIP）数据

夏热冬冷地区（浙江）建筑节能设计简明手册/曾理主编. —北京：中国建筑工业出版社，2013.11

ISBN 978-7-112-15999-4

Ⅰ.①夏…　Ⅱ.①曾…　Ⅲ.①节能-建筑设计-浙江省-技术手册　Ⅳ.①TU201.5-62

中国版本图书馆 CIP 数据核字（2013）第 250225 号

责任编辑：吴宇江
责任设计：张　虹
责任校对：陈晶晶　关　健

夏热冬冷地区(浙江)建筑节能
设计简明手册
曾理　主编
*
中国建筑工业出版社出版、发行（北京西郊百万庄）
各地新华书店、建筑书店经销
北京红光制版公司制版
环球印刷（北京）有限公司印刷
*
开本：850×1168 毫米　1/32　印张：5⅛　字数：136 千字
2014 年 2 月第一版　　2014 年3月第二次印刷
定价：**20.00** 元
ISBN 978-7-112-15999-4
(24791)

本手册依据国家及浙江省相关现有规范、规程、通知及文件精神，结合本地区气候特征与建筑特点，在认真总结大量实际工程经验的基础上，着重对建筑设计在建筑节能设计中所需注意的问题进行分析。

本手册包括7章7个附录。主要技术内容包括：概况、屋面节能设计、外墙节能设计、内隔墙节能设计、门窗与透明幕墙节能设计、楼板及架空楼板节能设计、建筑节能设计分析软件与权衡判断等。

本手册可作为建筑节能设计、建筑工程管理中的实用工具，也可作为大专院校相关教师、学生以及设计院青年员工教学与参考读物。

主编： 曾理

参编： 徐建业（外墙）、万志美（屋面、内墙、楼板）

校审： 方子晋、刘明明、周辉、吴策、何亦飞

序

建筑节能是我国节能减排战略中的一个重要环节，严寒和寒冷地区积累了丰富的建筑节能经验，并在实践中取得了显著效果。夏热冬冷地区的建筑节能工作中始于2003年，我省于2005年召开全省建筑节能大会后，全面启动。由于夏热冬冷地区建筑节能的基础研究欠缺和研究基础薄弱，所以主要是引进和消化北方地区成功的经验和技术，虽然也取得了一些成绩，但总体来说由于夏热冬冷地区特殊的气候特征，特别是有别于采暖地区的“间歇式和局部空间”用能方式，使得根据全时段和全空间设置的“设计标准工况”严重背离实际，按设计标准计算得到的节能率与实际可能实现的节能效果之“误差”高达75%以上，再加上节能与安全、节能增量成本与回报、节能体系与建筑使用寿命等一系列问题，在很大程度上影响了建筑节能工作的有效推进。

设计作为建筑节能的龙头，无论是人才队伍、设计技术等方面，近十年来均有了长足进步，但也由于行业特征，以及建筑节能新材料、新技术和新体系的不断发展，全面、系统学习和研究建筑节能技术，深度掌握建筑节能设计的内涵还是略显不足的，因此，本简明手册的编制出版，对提升从事建筑节能设计、施工、验收和管理等相关人员来说，无疑是十分有益的，有利于快速学习和掌握建筑节能基础知识、设计要则、关键技术和方法，既可以作为工具书，也可以作为科普读物，对建筑节能工作的健康发展定能起到积极的推动作用。

本手册一方面对现行设计标准进行了详细解读，脉络清晰、重点突出；另一方面，通过相关案例比较，更有利于技术人员推进建筑节能新材料、新技术和新体系的应用。特别是针对浙江省建筑节能现状、夏季炎热和冬季湿冷的气候环境、台风多雨的气象特征、间歇式局部空间用能和空调器为主的用能方式等等问题，通过大家的共同努力，定能取得有效突破，实现建筑节能工作的可持续发展。

钱晓倩

2013年5月7日于浙江大学

前　言

建筑节能近年来成果显著，不仅得到了各方面的重视，而且相关的技术措施与配套系统均日益完善。但在建筑节能设计中，由于规范、规程、图集及相关文件错综复杂，无法做到一言而论，使得全面综合的去做好建筑节能设计成为不太容易的事情。

本手册依据国家及浙江省相关现有规范、规程、通知及文件精神，结合本地区气候特征与建筑特点，在认真总结大量实际工程经验的基础上，着重对建筑设计在建筑节能设计中所需注意的问题进行分析。

本手册包括7章7个附录。主要技术内容包括：概况、屋面节能设计、外墙节能设计、内隔墙（楼梯间隔墙、外走廊隔墙）节能设计、门窗与透明幕墙节能设计、楼板及架空楼板节能设计、建筑节能设计分析软件与权衡判断。

对于各围护结构部位相同热工要求下不同材料的替换，在“材料变更”子项中专门论述；对于各部位可以参考引用的标准与图集，在“注意措施”子项中专门论述；对于特定材料在各标准中的差异，则在“附录”中作专门描述。

本手册力求广度，将各围护结构部位以最大限度作展开论述，如果读者想具体选用构造或者例图，请依据注明的标准号、规范书名及图集号等找到原文，依据原文选用。

本手册可作为建筑节能设计、建筑工程管理中的实用工具，也可作为大专院校相关教师、学生以及设计院青年员工教学与参考读物。

在撰写本手册的过程中，得到了很多支持与鼓励，在此特别感谢项志峰、郭丽、孙文瑶、朱望鲁、董宏、潘海洲等同志对本手册所花费的时间与努力，感谢在百忙之中抽出时间以专家意见、建议、勉励与建设性点题等形式提高了本手册的质量，也激励我们最终成稿。

本手册虽然有一定的借鉴意义，但总有编者认知的局限性，希望各位前辈、各位同行多多指教，集思广益，填补本手册的不足，最终更好地推进本地区的建筑节能事业。

联系信箱：wzcpta@gmail. com

目　　录

第1章　概　　况

浙江省属于全国夏热冬冷地区，故当地建筑设计主要遵循下列标准、规范、文件中的各项规定。

主要相关规范、标准：

（1）中华人民共和国国家标准《民用建筑热工设计规范》GB 50176－93；

（2）浙江省标准《居住建筑节能设计标准》DB 33/1035－2003；

（3）浙江省标准《公共建筑节能设计标准》DB 33/1036－2007；

（4）中华人民共和国国家标准《公共建筑节能设计标准》GB 50189－2005；

（5）中华人民共和国行业标准《夏热冬冷地区居住建筑节能设计标准》JGJ 134－2010。

主要相关文件：

（1）《民用建筑外保温系统及外墙装饰防火暂行规定》公通字［2009］46号；

（2）《浙江省民用建筑节能设计技术管理若干规定》省建设发［2009］218号。

1.1　常见名词释义

（1）建筑节能

20世纪70年代，因阿以战争爆发而引起的阿拉伯石油禁运能源危机是最初建筑节能概念的摇篮，但最初的阶段的措施主要还是以纯粹的节约能耗为主，随着建筑技术的发展，以及民间力量的踊跃参与，逐步发展为现在所遵循的在提高能耗效率的基础上实现节约能源的目的。

（2）建筑节能的 50％指标

建筑节能的 50％指标最早出现于 1995 年修订，1996 年执行的中华人民共和国行业标准《民用建筑节能设计标准》。其概念中的“100％”来源于原建设部对北方地区一批典型建筑在 1980～1981 年采暖期能耗的调查。在现阶段，50％指标是指“在保证相同的室内热环境的前提下，与未采取节能措施前相比，计算其全年的暖通空调和照明能耗应该相当于 50％（GB 50189－2005)”。

（3）外保温体系

外保温是保温层置于外墙的外表面的一种建筑保温节能技术。具有较好的热稳定性，室外温度波动对室内影响较小，具有一定的隔热效果。与内保温体系、自保温体系相比，外保温体系施工周期较长。

（4）内保温体系

内保温是在外墙结构的内部加做保温层的一种建筑保温节能技术。特点是施工速度快，操作方便灵活，对于间歇性供冷供热工程在实际使用中节能效果显著。与外保温体系相比内保温体系在潮湿地区易发墙体霉变。

（5）自保温体系

浙江省工程建设标准《围护结构墙体复合保温隔热体系技术规程》（在拟）中提到自保温体系即“以自保温材料为主墙体，与辅助保温材料和节点构造措施相结合，能满足节能设计要求的墙体体系”。自保温体系特点与内保温体系类似，主要体现在施工速度快，以及对于间歇性供冷供热工程在实际使用中有节能效果显著。与外保温体系相比自保温体系需在抗裂处理上进行加强。

（6）复合保温隔热体系

浙江省工程建设标准《围护结构墙体复合保温隔热体系技术规程》（在拟）中提到复合保温隔热体系即“主墙体部位以自保温墙体材料为主，抹灰保温砂浆为辅，热桥、剪力墙部位以辅助保温材料进行节点处理，并结合交界面处理措施，能满足节能设计要求的外墙保温隔热体系”。复合保温隔热体系综合了外保温体系与自保温体系的优点，面对复杂工程有更强的适应能力。

1.2 常 用 单 位

本手册中常用的单位、符号　　　　表 1-1

<table>
<tr><th>名称</th><th>单位</th><th>转换计算</th><th>备　注</th></tr>
<tr><td>导热系数 λ</td><td rowspan="2">W/(m・K)</td><td colspan="2">1m 厚物体，两侧表面温差为 1℃，单位时间内通过 $1m^2$ 面积传递的热量。导热系数与材料的组成结构、密度、含水率、温度等因素有关</td></tr>
<tr><td>当量导热系数 λ</td><td colspan="2">非均质材料或构造传导热性能指标，其数值为厚度与热阻的比值</td></tr>
<tr><td>蓄热系数 S</td><td>W/(m²・K)</td><td>$S=\sqrt{\frac{2\times Pi\times\lambda\times c\times\rho}{24\times3600}}$</td><td>物体表面温度改变 1K 时，单位表面积储存或释放的热流量</td></tr>
<tr><td>热阻 R</td><td>(m²・K)/W</td><td>$R=d/\lambda$</td><td>d 为材料层的厚度</td></tr>
<tr><td>R_i</td><td>(m²・K)/W</td><td>0.11</td><td>内表面交换热阻</td></tr>
<tr><td rowspan="6">R_e</td><td rowspan="6">(m²・K)/W</td><td>0.04（常规值）</td><td>外表面交换热阻</td></tr>
<tr><td>0.04</td><td>冬季的外墙、屋顶、与室外空气直接接触的表面</td></tr>
<tr><td>0.06</td><td>冬季的与室外空气相通的不采暖地下室上面的楼板</td></tr>
<tr><td>0.08</td><td>冬季的闷顶、外墙上有窗的不采暖地下室上面的楼板</td></tr>
<tr><td>0.17</td><td>冬季的外墙上无窗的不采暖地下室上面的楼板</td></tr>
<tr><td>0.05</td><td>夏季的外墙和屋顶</td></tr>
</table>

续表

名称	单位	转换计算	备注
传热阻	传热阻以往称总热阻，现统一定名为传热阻。传热阻：$R_o=R_i+\sum R+R_e$，围护结构的传热系数 K 值愈小，或传热阻愈大，保温性能愈好。R_i 与 R_e 分别是材料内外表面的换热阻。他们是固定数据，可由表查得：$0.11m^2/(K\cdot W)$，$0.04m^2/(K\cdot W)$（常规值）		
传热系数 K	$W/(m^2\cdot K)$	$K=1/R$	以往称总传热系数，现行标准规范统一定名为传热系数，指在稳定传热条件下，围护结构两侧空气温差为1度(K,℃)，1h内通过$1m^2$面积传递的热量
热惰性指标 D		单层结构 $D=R\cdot S$ （多层结构 $D=\sum R\cdot S$）	表征围护结构对周期性温度波在其内部衰减快慢程度的一个无量纲指标。 式中 R 为结构层的热阻，S 为相应材料层的蓄热系数，D 值愈大，围护结构的热稳定性愈好
修正系数 f	主要有两种含义：一是非均质材料性能差异；二是材料受外界因素影响导致性能发生变化。本手册中提到的修正系数，主要以浙江省标准《公共建筑节能设计标准》DB 33/1036－2007 与浙江省标准《居住建筑节能设计标准》DB 33/1015－2003 中提到的为主		
遮阳系数	遮阳系数通常指太阳辐射总透射比与3mm厚普通无色透明平板玻璃的太阳辐射的比值； 有外遮阳时，遮阳系数＝综合遮阳系数（S_W）＝玻璃的遮阳系数（SC）×外遮阳的遮阳系数（SD）； 无外遮阳时，遮阳系数＝玻璃的遮阳系数（SC）。具体细节描述详见第5章内容		
热桥	热桥以往又称冷桥，现统一定名为热桥。热桥是指处在外墙和屋面等围护结构中的钢筋混凝土或金属梁、柱、肋等部位。因这些构件与砌体填充部位相比传热较快，故称为热桥。 常见的热桥有处在外墙周边的钢筋混凝土抗震柱、圈梁、门窗过梁，钢筋混凝土或钢框架梁、柱，钢筋混凝土或金属屋面板中的肋，以及金属玻璃窗幕墙中和金属窗中的金属框和框料等		
体形系数	建筑物与室外大气接触的外表面积与其所包围的体积的比值		

续表

<table>
<tr><th>名称</th><th>单位</th><th>转换计算</th><th>备　注</th></tr>
<tr><td>窗墙面积比</td><td colspan="3">浙江省标准《公共建筑节能设计标准》DB 33/1036－2007 中对窗墙面积比的定义是："窗户洞口（包括外门透明部分）总面积与同朝向的墙面（包括外门窗的洞口）总面积的比值。"也可以理解为单一朝向上透明部分所占当前朝向面积比例。DB 33/1036－2007 同时有提到总窗墙比概念。
浙江省标准《居住建筑节能设计标准》DB 33/1035－2003 中对窗墙面积比的定义是："窗户洞口面积与房间立面单元面积的比值"</td></tr>
<tr><td>轻集料</td><td colspan="3">堆放密度不大于 1100kg/m³ 的轻粗集料和堆积密度不大于 1200kg/m³ 的轻细集料的总称。按其性能分为超轻集料、普通轻集料和高强轻集料三种</td></tr>
</table>

1.3 适用范围

适用范围要求　　表 1-2

国标居建	1.0.2 本标准适用于夏热冬冷地区新建、改建和扩建居住建筑的建筑节能设计。 1.0.2 条文解释：本标准适用于各类居住建筑，其中包括住宅、集体宿舍、住宅式公寓、商住楼的住宅部分、托儿所、幼儿园等
浙标公建	1.0.2 本标准适用 300m² 以上新建、改建和扩建的公共建筑节能设计。 1.0.2 条文解释：建筑划分为民用建筑和工业建筑。民用建筑又分为居住建筑和公共建筑。公共建筑则包含办公建筑（包括写字楼、政府部门办公楼等），商业建筑（如商场、金融建筑等），旅游建筑（如旅馆饭店、娱乐场所等），科教文卫建筑（包括文化、教育、科研、医疗、卫生、体育建筑等），通信建筑（如邮电、通信、广播用房）以及交通运输建筑（如机场、车站建筑等）。 对于建筑面积 300m² 及以下的公共建筑可适当放宽要求，不执行本标准的规定

在实际工作中，对于住宅区建筑面积 300m² 及以下的公共建筑部分，一般按居住建筑节能设计标准要求。

浙标公建 4.1.4 条文规定 **表 1-3**

分类要求		4.1.4 条文解释要点
甲类建筑	单幢建筑面积大于等于 20000m²，或全面设置空气调节系统的公共建筑	
乙类建筑	单幢建筑面积小于 20000m²，且不设置或部分设置空气调节系统的公共建筑	以单层建筑面积计算，设置空气调节装置的建筑面积不超过单层建筑总面积的 2/3为限
丙类建筑	一年中在夏、冬两季冷热负荷处于峰值时建筑物停用，且不设置空气调节装置的公共建筑	不设置空调系统，且在夏季或冬季冷热负荷处于峰值时段该建筑物停用

1.4 体形系数要求

中华人民共和国行业标准《夏热冬冷地区居住建筑节能设计标准》JGJ 134－2001（已作废）与浙江省标准《居住建筑节能设计标准》DB 33/1015－2003 中提到了条式建筑与点式建筑的体形系数要求，但未对条式建筑与点式建筑的定义作明确表达。

现主要执行的中华人民共和国行业标准《夏热冬冷地区居住建筑节能设计标准》JGJ 134－2010 对体形系数按建筑层数提出不同要求。

中华人民共和国国家标准《农村居住建筑节能设计标准》GB/T 50824－2013 未对体形系数提出要求。

体形系数限值要求 **表 1-4**

	≤3 层	4～11 层	≥12 层
国标居建	0.55	0.4	0.35
浙标公建	建筑物的体形宜避免过多的凹凸与错落，体形系数不宜大于 0.4		

1.5 相关名词缩写

本手册内相关名词缩写如下：

（1）“浙江省标准《居住建筑节能设计标准》DB 33/1035－2003”简称为“省标居建”；

（2）“浙江省标准《公共建筑节能设计标准》DB 33/1036－2007”简称为“省标公建”；

（3）“中华人民共和国国家标准《公共建筑节能设计标准》50189－2005”简称“国标公建”；

（4）“中华人民共和国行业标准《夏热冬冷地区居住建筑节能设计标准》JGJ 134－2010”简称“国标居建”；

（5）“中华人民共和国国家标准《农村居住建筑节能设计标准》GB/T 50824－2013”简称“国标农居”；

（6）“《民用建筑外保温系统及外墙装饰防火暂行规定》公通字［2009］46 号”简称为“公通字［2009］46 号”；

（7）“《浙江省民用建筑节能设计技术管理若干规定》省建设发［2009］218 号”简称为“省建设发［2009］218 号”；

（8）“传热系数 K”简称为“K”，其单位为 W/（m^2・k）；

（9）“热惰性 D”简称为“D”；

（10）甲类公共建筑简称为“甲类”；

（11）乙类公共建筑简称为“乙类”；

（12）丙类公共建筑简称为“丙类”；

（13）蒸压砂加气混凝土砌块简称为“砂加气混凝土砌块”；

（14）非黏土型烧结多孔砖简称为“非黏多孔砖”；

（15）保温棉（矿棉、岩棉、玻璃棉板、毡）简称为“保温棉”，其保温棉品种较多，具体参数详见附录 C；

（16）无机轻集料保温砂浆简称为“无机保温砂浆”；

（17）“窗墙面积比”简称为“窗墙比”；

（18）“外窗综合遮阳系数 S_C”简称“S_C”，遮阳系数相关内容描述详见第 5 章内容；

（19）“遮阳系数 S_W” 简称为 “S_W”；

（20）“PVC 塑钢窗” 简称为 “塑钢”。

（21）“断热铝合金窗” 简称为 “断热”；

（22）“9mm 空气层” 简称为 “9A”，“12mm 空气层” 简称为 “12A”。

第2章 屋面节能设计

2.1 标准指标

屋面节能设计相关要求　　表2-1

<table>
<tr><th colspan="3">类　别</th><th>传热系数 K 要求 [W/(m^2·k)]</th><th colspan="2">屋顶透明部分传热系数 K 要求</th></tr>
<tr><td rowspan="4">国标居建</td><td rowspan="2">体形系数≤0.4</td><td>D≤2.5</td><td>K≤0.8</td><td colspan="2">—</td></tr>
<tr><td>D>2.5</td><td>K≤1.0</td><td colspan="2">—</td></tr>
<tr><td rowspan="2">体形系数>0.4</td><td>D≤2.5</td><td>K≤0.5</td><td colspan="2">—</td></tr>
<tr><td>D>2.5</td><td>K≤0.6</td><td colspan="2">—</td></tr>
<tr><td rowspan="3">省标公建</td><td colspan="2">甲类</td><td>K≤0.5，权衡判断时 K≤0.7</td><td>K≤2.0，S_C≤0.28，权衡判断时 K≤3.0，S_C≤0.4</td><td rowspan="3">透明部分的面积≤屋顶总面积的20%</td></tr>
<tr><td colspan="2">乙类</td><td>K≤0.7，权衡判断时 K≤0.7</td><td>K≤3.0，S_C≤0.4，权衡判断时 K≤3.0，S_C≤0.4</td></tr>
<tr><td colspan="2">丙类</td><td>K≤1.0，权衡判断时 K≤1.0</td><td>K≤4.0，S_C≤0.6，权衡判断时 K≤3.5，S_C≤0.5</td></tr>
<tr><td rowspan="2">国标农居</td><td colspan="2">D≥2.5</td><td>K≤1.0</td><td colspan="2" rowspan="2">建筑节能构造可参照国标居建内容调整完善</td></tr>
<tr><td colspan="2">D<2.5</td><td>K≤0.8</td></tr>
</table>

2.2 常用材料及主要计算参数

常用屋面节能构造材料　　表2-2

基层屋面板	◆钢筋混凝土板 ◆金属夹芯复合板材

续表

保温材料	◆挤塑聚苯板（XPS、挤塑聚苯乙烯泡沫塑料板） ◆膨胀聚苯板（EPS、塑模聚苯乙烯泡沫塑料），其品种较多，具体详见附录 B。 ◆泡沫玻璃，其品种较多，具体详见附录 D。 ◆保温棉（矿棉，岩棉，玻璃棉板、毡），其品种较多，具体详见附录 C。 ◆聚氨酯泡沫塑料，其品种较多，具体详见附录 E

建筑节能主要计算参数　　表 2-3

材料名称	引用规范	导热系数［W/(m·K)］	修正系数	相同厚度下，相当于 XPS 热工性能百分比
钢筋混凝土楼板	浙江省标准《浙江省公共建筑节能设计标准》DB 33/1036—2007	1.74	1.0	—
挤塑聚苯板		0.030	1.1	—
膨胀聚苯板		0.041	1.3	61.91
泡沫玻璃		0.064	1.1	46.88
保温棉		0.048	1.3	52.88
聚氨酯泡沫塑料	中华人民共和国行业标准《倒置式屋面工程技术规程》JGJ 230—2010	0.024	1.2	114.58

2.3 居住建筑常用做法

居住建筑屋顶类型 1：平屋面 A1——25mm 挤塑聚苯板　　表 2-4

各层材料名称	厚度(mm)	导热系数	修正系数	修正后导热系数	蓄热系数	修正后蓄热系数	热阻值	热惰性指标
细石混凝土	40	1.740	1.0	1.740	17.060	17.060	0.023	0.392
隔离层	0	—	—	—	—	—	—	—
挤塑聚苯板	25	0.030	1.1	0.033	0.360	0.396	0.758	0.300

续表

各层材料名称	厚度(mm)	导热系数	修正系数	修正后导热系数	蓄热系数	修正后蓄热系数	热阻值	热惰性指标
防水层	0	—	—	—	—	—	—	—
水泥砂浆	20	0.930	1.0	0.930	11.370	11.370	0.022	0.245
轻集料混凝土	80	0.890	1.1	0.979	9.761	10.737	0.082	0.877
钢筋混凝土屋面板	120	1.740	1.0	1.740	17.200	17.200	0.069	1.186
合计	285	—	—	—	—	—	0.953	3.00
屋顶传热阻[(m^2·K)/W]	$R_o=R_i+\sum R+R_e=1.103$				注：R_i 取 0.11，R_e 取 0.04			
屋顶传热系数[W/(m^2·K)]	$K=1/R_o=0.91$							
热惰性指标	$D=3.00$							

挤塑聚苯板厚度变化时，屋面热工参数如下

厚度（mm）	25	30	35	40	45	50	55
传热系数 K	0.91	0.80	0.71	0.64	0.59	0.54	0.50
热惰性指标 D	3.00	3.06	3.12	3.18	3.24	3.30	3.36
倒置式屋面设计厚度（mm）加权 25%	32	38	44	50	57	63	69

国标居建 4.0.4 条的要求			
国标居建 4.0.4 条的要求	体形系数≤0.4	$D>2.5$	$K\leqslant1.0$
		$D\leqslant2.5$	$K\leqslant0.8$
	体形系数>0.4	$D>2.5$	$K\leqslant0.6$
		$D\leqslant2.5$	$K\leqslant0.5$

居住建筑屋顶类型 2：平屋面 A2——35mm 膨胀聚苯板　　表 2-5

各层材料名称	厚度(mm)	导热系数	修正系数	修正后导热系数	蓄热系数	修正后蓄热系数	热阻值	热惰性指标
细石混凝土	40	1.740	1.0	1.740	17.060	17.060	0.023	0.392
隔离层	0	—	—	—	—	—	—	—
膨胀聚苯板	35	0.041	1.3	0.053	0.290	0.377	0.657	0.248
防水层	0	—	—	—	—	—	—	—
水泥砂浆	20	0.930	1.0	0.930	11.370	11.370	0.022	0.245
轻集料混凝土	80	0.890	1.1	0.979	9.761	10.737	0.082	0.877
钢筋混凝土屋面板	120	1.740	1.0	1.740	17.200	17.200	0.069	1.186
合计	295	—	—	—	—	—	0.852	2.95
屋顶传热阻[(m^2·K)/W]	$R_o=R_i+\sum R+R_e=1.002$				注：R_i 取 0.11，R_e 取 0.04			
屋顶传热系数 W/(m^2·K)	$K=1/R_o=1.00$							
热惰性指标	$D=2.95$							

膨胀聚苯板厚度变化时，屋面热工参数如下

计算厚度（mm）	35	40	45	50	55	60
传热系数 K	1.00	0.91	0.84	0.78	0.73	0.68
热惰性指标 D	2.95	2.98	3.02	3.05	3.09	3.12
倒置式屋面设计厚度加权 25%	44	50	56	63	69	75
计算厚度（mm）	65	70	75	80	85	90
传热系数 K	0.64	0.60	0.57	0.54	0.52	0.49
热惰性指标 D	3.16	3.20	3.23	3.27	3.30	3.34
倒置式屋面设计厚度加权 25%	81	88	94	100	106	113
国标居建 4.0.4 条的要求	体形系数≤0.4	$D>2.5$		$K\leqslant1.0$		
		$D\leqslant2.5$		$K\leqslant0.8$		
	体形系数>0.4	$D>2.5$		$K\leqslant0.6$		
		$D\leqslant2.5$		$K\leqslant0.5$		

居住建筑屋顶类型 3：平屋面 A3——50mm 泡沫玻璃板　　表 2-6

各层材料名称	厚度（mm）	导热系数	修正系数	修正后导热系数	蓄热系数	修正后蓄热系数	热阻值	热惰性指标
细石混凝土	40	1.740	1.0	1.740	17.06	17.060	0.023	0.392
隔离层	0	—	—	—	—	—	—	—
泡沫玻璃	50	0.064	1.1	0.070	0.766	0.843	0.710	0.598
防水层	0	—	—	—	—	—	—	—
水泥砂浆	20	0.930	1.0	0.930	11.37	11.370	0.022	0.245
轻集料混凝土	80	0.890	1.1	0.979	9.761	10.737	0.082	0.877
钢筋混凝土屋面板	120	1.740	1.0	1.740	17.20	17.200	0.069	1.186
合计	310	—	—	—	—	—	0.905	3.30

项目	数值	注
屋顶传热阻 [(m^2·K)/W]	$R_o=R_i+\sum R+R_e=1.055$	注：R_i 取 0.11，R_e 取 0.04
屋顶传热系数 [W/(m^2·K)]	$K=1/R_o=0.95$	
热惰性指标	$D=3.30$	

泡沫玻璃板厚度变化时，屋面热工参数如下

计算厚度（mm）	50	55	60	65	70	75	80	85
传热系数 K	0.95	0.89	0.835	0.79	0.75	0.71	0.68	0.64
热惰性指标 D	3.30	3.36	3.42	3.48	3.54	3.60	3.66	3.72
倒置式屋面设计厚度加权 25%	63	69	75	81	88	94	100	106
计算厚度（mm）	90	95	100	105	110	115	120	—
传热系数 K	0.62	0.59	0.57	0.54	0.52	0.51	0.49	—
热惰性指标 D	3.78	3.84	3.90	3.96	4.02	4.08	4.14	—
倒置式屋面设计厚度加权 25%	113	119	125	131	138	144	150	—

国标居建 4.0.4 条的要求	体形系数	热惰性指标	传热系数
	体形系数 ≤0.4	$D>2.5$	$K\leqslant1.0$
		$D\leqslant2.5$	$K\leqslant0.8$
	体形系数 >0.4	$D>2.5$	$K\leqslant0.6$
		$D\leqslant2.5$	$K\leqslant0.5$

居住建筑屋顶类型 4：平屋面 A4——20mm 聚氨酯泡沫塑料

表 2-7

各层材料名称	厚度(mm)	导热系数	修正系数	修正后导热系数	蓄热系数	修正后蓄热系数	热阻值	热惰性指标
细石混凝土	40	1.740	1.0	1.740	17.060	17.060	0.023	0.392
隔离层	0	—	—	—	—	—	—	—
聚氨酯泡沫塑料	20	0.024	1.2	0.029	0.368	0.442	0.694	0.307
防水层	0	—	—	—	—	—	—	—
水泥砂浆	20	0.930	1.0	0.930	11.370	11.370	0.022	0.245
轻集料混凝土	80	0.890	1.1	0.979	9.761	10.737	0.082	0.877
钢筋混凝土屋面板	120	1.740	1.0	1.740	17.200	17.200	0.069	1.186
合计	310	—	—	—	—	—	0.890	3.01
屋顶传热阻[(m²·K)/W]	$R_o=R_i+\sum R+R_e=1.110$				注：R_i 取 0.11，R_e 取 0.04			
屋顶传热系数[W/(m²·K)]	$K=1/R_o=0.901$							
热惰性指标	$D=3.01$							

聚氨酯泡沫塑料厚度变化时，屋面热工参数如下

计算厚度（mm）	20	25	30	35	40	45	50	55
传热系数 K	0.90	0.78	0.69	0.61	0.55	0.51	0.47	0.43
热惰性指标 D	3.04	3.08	3.16	3.24	3.31	3.39	3.47	3.54
倒置式屋面设计厚度加权 25%	25	32	38	44	50	57	63	69
国标居建 4.0.4 条的要求	体形系数≤0.4			$D>2.5$			$K\leqslant1.0$	
				$D\leqslant2.5$			$K\leqslant0.8$	
	体形系数>0.4			$D>2.5$			$K\leqslant0.6$	
				$D\leqslant2.5$			$K\leqslant0.5$	

居住建筑屋顶类型5：坡屋面B1——50mm矿（岩）棉或玻璃棉板

表2-8

各层材料名称	厚度(mm)	导热系数	修正系数	修正后导热系数	蓄热系数	修正后蓄热系数	热阻值	热惰性指标
屋顶面层	0	—	—	—	—	—	—	—
防水层	0	—	—	—	—	—	—	—
保温棉	50	0.048	1.3	0.062	0.653	0.849	0.801	0.680
钢筋混凝土屋面板	120	1.740	1.0	1.740	17.200	17.200	0.069	1.186
合计	170	—	—	—	—	—	0.870	1.87
屋顶传热阻[(m²·K)/W]	$R_o=R_i+\sum R+R_e=1.020$				注：R_i取0.11，R_e取0.04			
屋顶传热系数[W/(m²·K)]	$K=1/R_o=0.98$							
热惰性指标	$D=1.87$							

保温棉厚度变化时，屋面热工参数如下

计算厚度（mm）	55	60	65	70	75	80	85
传热系数K	0.91	0.85	0.79	0.75	0.70	0.67	0.63
热惰性指标D	1.93	2.00	2.07	2.14	2.21	2.27	2.34
计算厚度（mm）	90	95	100	105	110	115	—
传热系数K	0.60	0.57	0.55	0.53	0.51	0.49	—
热惰性指标D	2.41	2.48	2.55	2.61	2.68	2.75	—

国标居建4.0.4条的要求	体形系数	D	K
	体形系数≤0.4	$D>2.5$	$K\leqslant1.0$
		$D\leqslant2.5$	$K\leqslant0.8$
	体形系数>0.4	$D>2.5$	$K\leqslant0.6$
		$D\leqslant2.5$	$K\leqslant0.5$

2.4 公共建筑常用做法

公共建筑屋顶类型 1：平屋面 A1——25mm 挤塑聚苯板　　表 2-9

各层材料名称	厚度(mm)	导热系数	修正系数	修正后导热系数	蓄热系数	修正后蓄热系数	热阻值	热惰性指标
细石混凝土	40	1.740	1.0	1.740	17.060	17.060	0.023	0.392
隔离层	0	—	—	—	—	—	—	—
挤塑聚苯板	25	0.030	1.1	0.033	0.360	0.396	0.758	0.300
防水层	0	—	—	—	—	—	—	—
水泥砂浆	20	0.930	1.0	0.930	11.370	11.370	0.022	0.245
轻集料混凝土	80	0.890	1.1	0.979	9.761	10.737	0.082	0.877
钢筋混凝土屋面板	120	1.740	1.0	1.740	17.200	17.200	0.069	1.186
合计	285	—	—	—	—	—	0.953	3.00
屋顶传热阻[$(m^2 \cdot K)/W$]	$R_o=R_i+\sum R+R_e=1.103$				注：R_i 取 0.11，R_e 取 0.04			
屋顶传热系数[$W/(m^2 \cdot K)$]	$K=1/R_o=0.91$							
热惰性指标	$D=3.00$							

挤塑聚苯板厚度变化时，屋面热工参数如下

厚度（mm）	25	30	35	40	45	50	55
传热系数 K	0.91	0.80	0.71	0.64	0.59	0.54	0.50
热惰性指标 D	3.00	3.06	3.12	3.18	3.24	3.30	3.36
倒置式屋面设计厚度加权 25%	32	38	44	50	57	63	69
省标公建的 4.2.1 条文的要求	甲类公建 $K \leqslant 0.5$						
	乙类公建 $K \leqslant 0.7$						
	丙类公建 $K \leqslant 1.0$						

公共建筑屋顶类型 2：平屋面 A2——35mm 膨胀聚苯板　　表 2-10

各层材料名称	厚度(mm)	导热系数	修正系数	修正后导热系数	蓄热系数	修正后蓄热系数	热阻值	热惰性指标
细石混凝土	40	1.740	1.0	1.740	17.060	17.060	0.023	0.392
隔离层	0	—	—	—	—	—	—	—
膨胀聚苯板	35	0.041	1.3	0.053	0.290	0.377	0.657	0.248
防水层	0	—	—	—	—	—	—	—
水泥砂浆	20	0.930	1.0	0.930	11.370	11.370	0.022	0.245
轻集料混凝土	80	0.890	1.1	0.979	9.761	10.737	0.082	0.877
钢筋混凝土屋面板	120	1.740	1.0	1.740	17.200	17.200	0.069	1.186
合计	295	—	—	—	—	—	0.852	2.95
屋顶传热阻[(m^2·K)/W]	$R_o=R_i+\sum R+R_e=1.002$				注：R_i 取 0.11，R_e 取 0.04			
屋顶传热系数[W/(m^2·K)]	$K=1/R_o=1.00$							
热惰性指标	$D=2.95$							

膨胀聚苯板厚度变化时，屋面热工参数如下

计算厚度（mm）	35	40	45	50	55	60
传热系数 K	1.00	0.91	0.84	0.78	0.73	0.68
热惰性指标 D	2.95	2.98	3.02	3.05	3.09	3.12
倒置式屋面设计厚度加权 25%	44	50	56	63	69	75
计算厚度（mm）	65	70	75	80	85	90
传热系数 K	0.64	0.60	0.57	0.54	0.52	0.49
热惰性指标 D	3.16	3.20	3.23	3.27	3.30	3.34
倒置式屋面设计厚度加权 25%	81	88	94	100	106	113
省标公建的 4.2.1 条文的要求	甲类公建 $K\leqslant0.5$					
	乙类公建 $K\leqslant0.7$					
	丙类公建 $K\leqslant1.0$					

公共建筑屋顶类型3：平屋面A3——50mm泡沫玻璃板　　表2-11

各层材料名称	厚度（mm）	导热系数	修正系数	修正后导热系数	蓄热系数	修正后蓄热系数	热阻值	热惰性指标
细石混凝土	40	1.740	1.0	1.740	17.060	17.060	0.023	0.392
隔离层	0	—	—	—	—	—	—	—
泡沫玻璃	50	0.064	1.1	0.070	0.766	0.843	0.710	0.598
防水层	0	—	—	—	—	—	—	—
水泥砂浆	20	0.930	1.0	0.930	11.370	11.370	0.022	0.245
轻集料混凝土	80	0.890	1.1	0.979	9.761	10.737	0.082	0.877
钢筋混凝土屋面板	120	1.740	1.0	1.740	17.200	17.200	0.069	1.186
合计	310	—	—	—	—	—	0.905	3.30
屋顶传热阻[$(m^2 \cdot K)/W$]	$R_o = R_i + \sum R + R_e = 1.055$				注：R_i 取0.11，R_e 取0.04			
屋顶传热系数[$W/(m^2 \cdot K)$]	$K = 1/R_o = 0.95$							
热惰性指标	$D = 3.30$							

泡沫玻璃板厚度变化时，屋面热工参数如下

计算厚度（mm）	50	55	60	65	70	75	80	85
传热系数 K	0.95	0.89	0.84	0.79	0.75	0.71	0.68	0.64
热惰性指标 D	3.30	3.36	3.42	3.48	3.54	3.60	3.66	3.72
倒置式屋面设计厚度加权25%	63	69	75	81	88	94	100	106
计算厚度（mm）	90	95	100	105	110	115	120	—
传热系数 K	0.62	0.59	0.57	0.54	0.52	0.51	0.49	—
热惰性指标 D	3.78	3.84	3.90	3.96	4.02	4.08	4.14	—
倒置式屋面设计厚度加权25%	113	119	125	131	138	144	150	—
省标公建的4.2.1条文的要求	甲类公建 $K \leqslant 0.5$							
	乙类公建 $K \leqslant 0.7$							
	丙类公建 $K \leqslant 1.0$							

公共建筑屋顶类型 4：平屋面 A4——20mm 聚氨酯泡沫塑料

表 2-12

各层材料名称	厚度(mm)	导热系数	修正系数	修正后导热系数	蓄热系数	修正后蓄热系数	热阻值	热惰性指标
细石混凝土	40	1.740	1.0	1.740	17.060	17.060	0.023	0.392
隔离层	0	—	—	—	—	—	—	—
聚氨酯泡沫塑料	20	0.024	1.2	0.029	0.368	0.442	0.694	0.307
防水层	0	—	—	—	—	—	—	—
水泥砂浆	20	0.930	1.0	0.930	11.370	11.370	0.022	0.245
轻集料混凝土	80	0.890	1.1	0.979	9.761	10.737	0.082	0.877
钢筋混凝土屋面板	120	1.740	1.0	1.740	17.200	17.200	0.069	1.186
合计	310	—	—	—	—	—	0.890	3.01
屋顶传热阻[$(m^2\cdot K)/W$]	$R_o=R_i+\sum R+R_e=1.110$				注：R_i 取 0.11，R_e 取 0.04			
屋顶传热系数[$W/(m^2\cdot K)$]	$K=1/R_o=0.901$							
热惰性指标	$D=3.01$							

聚氨酯泡沫塑料厚度变化时，屋面热工参数如下

计算厚度（mm）	20	25	30	35	40	45	50	55
传热系数 K	0.90	0.78	0.69	0.613	0.55	0.51	0.47	0.43
热惰性指标 D	3.04	3.08	3.16	3.24	3.31	3.39	3.47	3.54
倒置式屋面设计厚度加权 25%	25	32	38	44	50	57	63	69
省标公建的 4.2.1 条文的要求	甲类公建 $K\leqslant 0.5$							
	乙类公建 $K\leqslant 0.7$							
	丙类公建 $K\leqslant 1.0$							

公共建筑屋顶类型 5：坡屋面 B1——50mm 矿（岩）棉或玻璃棉板

表 2-13

各层材料名称	厚度（mm）	导热系数	修正系数	修正后导热系数	蓄热系数	修正后蓄热系数	热阻值	热惰性指标
屋顶面层	0	—	—	—	—	—	—	—
防水层	0	—	—	—	—	—	—	—
保温棉	50	0.048	1.3	0.062	0.653	0.849	0.801	0.680
钢筋混凝土屋面板	120	1.740	1.0	1.740	17.200	17.200	0.069	1.186
合计	170	—	—	—	—	—	0.870	1.87
屋顶传热阻［$(m^2 \cdot K)/W$］	$R_o = R_i + \sum R + R_e = 1.020$				注：R_i 取 0.11，R_e 取 0.04			
屋顶传热系数［$W/(m^2 \cdot K)$］	$K = 1/R_o = 0.98$							
热惰性指标	$D = 1.87$							

保温棉厚度变化时，屋面热工参数如下

计算厚度（mm）	55	60	65	70	75	80	85
传热系数 K	0.91	0.85	0.79	0.75	0.70	0.67	0.63
热惰性指标 D	1.93	2.00	2.07	2.14	2.21	2.27	2.34
计算厚度（mm）	90	95	100	105	110	115	—
传热系数 K	0.60	0.57	0.55	0.53	0.51	0.49	—
热惰性指标 D	2.41	2.48	2.55	2.61	2.68	2.75	—
省标公建的 4.2.1 条文的要求	甲类公建 $K \leqslant 0.5$						
	乙类公建 $K \leqslant 0.7$						
	丙类公建 $K \leqslant 1.0$						

2.5 常用材料变更比较

相同热工性能下，材料厚度换算（单位 mm） 表 2-14

挤塑聚苯板	25	30	40	50	55
膨胀聚苯板	41	49	65	81	89
泡沫玻璃	54	64	86	107	118
保温棉	48	57	76	95	104
聚氨酯泡沫塑料	22	27	35	44	48

相同热工性能下，材料厚度换算（单位 mm） 表 2-15

膨胀聚苯板	25	30	40	50	55
挤塑聚苯板	16	19	25	31	34
泡沫玻璃	34	40	53	67	73
保温棉	30	36	47	59	65
聚氨酯泡沫塑料	14	17	22	28	30

相同热工性能下，材料厚度换算（单位 mm） 表 2-16

泡沫玻璃	25	30	40	50	55
膨胀聚苯板	19	23	31	38	42
挤塑聚苯板	12	15	19	24	26
保温棉	23	27	36	45	49
聚氨酯泡沫塑料	11	13	17	21	23

相同热工性能下，材料厚度换算（单位 mm） 表 2-17

保温棉	25	30	40	50	55
膨胀聚苯板	22	26	35	43	47
挤塑聚苯板	14	16	22	27	30
泡沫玻璃	29	34	46	57	63
聚氨酯泡沫塑料	12	14	19	24	26

相同热工性能下，材料厚度换算（单位 mm）　表 2-18

聚氨酯泡沫塑料	25	30	40	50	55
挤塑聚苯板	29	35	46	58	64
膨胀聚苯板	47	56	75	93	102
泡沫玻璃	62	74	98	123	135
保温棉	55	65	87	109	120

2.6 其他材料与做法

建筑节能其他计算参数　表 2-19

材料名称	引用规范	导热系数	修正系数	相同厚度下，相当于 XPS 热工性能百分比
超薄绝热保温板（STP）	《STP 超薄绝热板建筑保温系统应用技术规程》Q/0 214 KRH 005—2012	0.008	1.40	294.64 %

相同热工性能下，材料厚度换算（单位 mm）　表 2-20

超薄绝热保温板	10	15	20	25	30
挤塑聚苯板	30	45	59	74	89
膨胀聚苯板	48	72	96	119	143
泡沫玻璃	63	95	125	158	189
保温棉	56	84	112	140	168
聚氨酯泡沫塑料	26	39	52	65	78

居住建筑屋顶类型6：平屋面A4——10mmSTP超薄绝热保温板

表2-21

各层材料名称	厚度（mm）	导热系数	修正系数	修正后导热系数	蓄热系数	修正后蓄热系数	热阻值	热惰性指标
细石混凝土	40	1.740	1.0	1.740	17.060	17.060	0.023	0.392
隔离层	0	—	—	—	—	—	—	—
超薄绝热保温板	10	0.008	1.4	0.011	1.060	1.484	0.893	1.325
防水层	0	—	—	—	—	—	—	—
水泥砂浆	20	0.930	1.0	0.930	11.370	11.370	0.022	0.245
轻集料混凝土	80	0.890	1.1	0.979	9.761	10.737	0.082	0.877
钢筋混凝土屋面板	120	1.740	1.0	1.740	17.200	17.200	0.069	1.186
合计	270	—	—	—	—	—	1.088	4.03
屋顶传热阻[$(m^2\cdot K)/W$]	$R_o=R_i+\sum R+R_e=1.238$			注：R_i取0.11，R_e取0.04				
屋顶传热系数[$W/(m^2\cdot K)$]	$K=1/R_o=0.808$							
热惰性指标	$D=4.03$							

STP超薄绝热保温板厚度变化时，屋面热工参数如下

厚度（mm）		10	15	20	25	30
传热系数K		0.808	0.594	0.469	0.388	0.331
热惰性指标D		4.03	4.69	5.35	6.01	6.68
倒置式屋面设计厚度加权25%		13	19	25	31	38
国标居建4.0.4条的要求	体形系数≤0.4		$D>2.5$		$K\leq1.0$	
			$D\leq2.5$		$K\leq0.8$	
	体形系数>0.4		$D>2.5$		$K\leq0.6$	
			$D\leq2.5$		$K\leq0.5$	

居住建筑屋顶类型 7：坡屋面 B2——10mmSTP 超薄绝热保温板

表 2-22

各层材料名称	厚度 (mm)	导热系数	修正系数	修正后导热系数	蓄热系数	修正后蓄热系数	热阻值	热惰性指标
屋顶面层	0	—	—	—	—	—	—	—
防水层	0	—	—	—	—	—	—	—
超薄绝热保温板	10	0.008	1.4	0.011	1.060	1.484	0.893	1.325
钢筋混凝土屋面板	120	1.740	1.0	1.740	17.200	17.200	0.069	1.186
合计	130	—	—	—	—	—	0.962	2.51
屋顶传热阻 [(m²·K)/W]	$R_o=R_i+\sum R+R_e=1.112$				注：R_i 取 0.11，R_e 取 0.04			
屋顶传热系数 [W/(m²·K)]	$K=1/R_o=0.90$							
热惰性指标	$D=2.51$							

超薄绝热保温板厚度变化时，屋面热工参数如下

厚度（mm）	15	20	25	30
传热系数 K	0.64	0.50	0.41	0.35
热惰性指标 D	3.17	3.84	4.50	5.16
国标居建 4.0.4 条的要求	体形系数 ≤0.4	$D>2.5$	$K\leqslant1.0$	
		$D\leqslant2.5$	$K\leqslant0.8$	
	体形系数 >0.4	$D>2.5$	$K\leqslant0.6$	
		$D\leqslant2.5$	$K\leqslant0.5$	

公共建筑屋顶类型6：平屋面A4——10mmSTP超薄绝热保温板

表2-23

各层材料名称	厚度（mm）	导热系数	修正系数	修正后导热系数	蓄热系数	修正后蓄热系数	热阻值	热惰性指标
细石混凝土	40	1.740	1.0	1.740	17.060	17.060	0.023	0.392
隔离层	0	—	—	—	—	—	—	—
超薄绝热保温板	10	0.008	1.4	0.011	1.060	1.484	0.893	1.325
防水层	0	—	—	—	—	—	—	—
水泥砂浆	20	0.930	1.0	0.930	11.370	11.370	0.022	0.245
轻集料混凝土	80	0.890	1.1	0.979	9.761	10.737	0.082	0.877
钢筋混凝土屋面板	120	1.740	1.0	1.740	17.200	17.200	0.069	1.186
合计	270	—	—	—	—	—	1.088	4.03
屋顶传热阻[$(m^2 \cdot K)/W$]	$R_o=R_i+\sum R+R_e=1.238$				注：R_i取0.11，R_e取0.04			
屋顶传热系数[$W/(m^2 \cdot K)$]	$K=1/R_o=0.81$							
热惰性指标	$D=4.03$							

STP超薄绝热保温板厚度变化时，屋面热工参数如下					
厚度（mm）	10	15	20	25	30
传热系数K	0.81	0.59	0.47	0.39	0.33
热惰性指标D	4.03	4.69	5.35	6.01	6.68
倒置式屋面设计厚度加权25%	13	19	25	31	38
省标公建的4.2.1条文的要求	甲类公建$K \leqslant 0.5$				
	乙类公建$K \leqslant 0.7$				
	丙类公建$K \leqslant 1.0$				

公共建筑屋顶类型 7：坡屋面 B2——10mmSTP 超薄绝热保温板

表 2-24

各层材料名称	厚度（mm）	导热系数	修正系数	修正后导热系数	蓄热系数	修正后蓄热系数	热阻值	热惰性指标
屋顶面层	0	—	—	—	—	—	—	—
防水层	0	—	—	—	—	—	—	—
超薄绝热保温板	10	0.008	1.4	0.011	1.060	1.484	0.893	1.325
钢筋混凝土屋面板	120	1.740	1.0	1.740	17.20	17.200	0.069	1.186
合计	130	—	—	—	—	—	0.962	2.51
屋顶传热阻 [(m^2·K)/W]	$R_o=R_i+\sum R+R_e=1.112$				注：R_i 取 0.11，R_e 取 0.04			
屋顶传热系数 [W/(m^2·K)]	$K=1/R_o=0.899$							
热惰性指标	$D=2.51$							

超薄绝热保温板厚度变化时，屋面热工参数如下

厚度（mm）	15	20	25	30
传热系数 K	0.64	0.50	0.41	0.35
热惰性指标 D	3.17	3.84	4.50	5.16
省标公建的 4.2.1 条文的要求	甲类公建 $K\leqslant0.5$			
	乙类公建 $K\leqslant0.7$			
	丙类公建 $K\leqslant1.0$			

2.7 屋顶节能设计防火要求

公通字［2009］46 第三章屋顶规定　　表 2-25

<table>
<tr><th>屋顶应满足下列规定</th><th>对应材料与做法</th></tr>
<tr><td>第八条　对于屋顶基层采用耐火极限不小于 1.00h 的不燃烧体的建筑，其屋顶的保温材料不应低于 B2 级；其他情况，保温材料的燃烧性能不应低于 B1 级</td><td rowspan="3">常见燃烧性能应为 A 级的屋顶保温材料：泡沫混凝土、保温棉（矿棉，岩棉，玻璃棉板、毡）、泡沫玻璃、超薄绝热板；
常见燃烧性能应为 B1 级的屋顶保温材料：阻燃型膨胀聚苯板、阻燃型聚氨酯、阻燃型硬质酚醛泡沫板；
常见燃烧性能应为 B2 级的屋顶保温材料：普通型膨胀聚苯板、普通型聚氨酯、挤塑聚苯板；
常用屋顶水平防火隔离带材料：超薄绝热板、发泡水泥板、泡沫玻璃；
常见不燃材料覆盖层：细石混凝土</td></tr>
<tr><td>第九条　屋顶与外墙交界处、屋顶开口部位四周的保温层，应采用宽度不小于 500mm 的 A 级保温材料设置水平防火隔离带</td></tr>
<tr><td>第十条　屋顶防水层或可燃保温层应采用不燃材料进行覆盖</td></tr>
</table>

公通字［2009］46 第四章金属夹芯复合板材规定　　表 2-26

屋面采用金属夹芯复合板材时，需满足如下规定	对应材料与做法
第十一条　用于临时性居住建筑的金属夹芯复合板材，其芯材应采用不燃或难燃保温材料	常见燃烧性能应为 A 级的夹芯保温材料：保温棉（矿棉，岩棉，玻璃棉板、毡）； 常见燃烧性能应为 B1 级的夹芯保温材料：阻燃型聚氨酯

备注：保温棉品种较多，具体参数详见附录 C。

2.8 注意措施

相关参考文件 表 2-27

构造	国家建筑标准设计图集	《平屋面建筑构造（二）》03J201－2； 《屋面节能建筑构造》06J204； 《既有建筑节能改造（一）》06J908－7； 《公共建筑节能构造（夏热冬冷和夏热冬暖地区）》06J908－2； 《波形沥青瓦、波形沥青瓦防水板建筑构造》07CJ15
	浙江省建筑标准图集	《瓦屋面》2005 浙 J15； 《覆土植草屋面》99 浙 J32
标准	中华人民共和国国家标准	《坡屋面工程技术规范》GB 50693－2011； 《屋面工程技术规范》GB 50345－2012
	中华人民共和国行业标准	《倒置式屋面工程技术规程》JGJ 230－2010； 《采光顶与金属屋面技术规程》JGJ 255－2012； 《种植屋面工程技术规程》JGJ 155－2007
改造	中华人民共和国行业标准《既有居住建筑节能改造技术规程》JGJ/T 129－2012； 中华人民共和国行业标准《公共建筑节能改造技术规范》JGJ 176－2009	
建材	泡沫混凝土	浙江省无相关文件，具体工程中可参考中华人民共和国建筑工业行业标准《泡沫混凝土》JG/T 266－2011 或江苏省工程建设标准《现浇轻质泡沫混凝土应用技术规程》DGJ32/TJ 104－2010 的构造做法与技术参数
	微孔硅酸钙板	浙江省建筑标准图集《微孔硅酸钙板屋面保温构造》2003 浙 J52

建材	挤塑聚苯乙烯泡沫塑料	国家建筑标准设计图集《挤塑聚苯乙烯泡沫塑料板保温系统建筑构造》10CJ16（替代08CJ16）、中华人民共和国建筑工业行业标准《绝热用挤塑聚苯乙烯泡沫塑料（XPS）》GB 10801.2—2002—T
	膨胀聚苯板	（塑模聚苯乙烯泡沫塑料EPS）。中华人民共和国国家标准《绝热用模塑聚苯乙烯泡沫塑料》GB/T 10801.1—2002
	泡沫玻璃	中华人民共和国建材行业标准《泡沫玻璃绝热制品》JC/T 647—1996
	金属面岩棉、矿渣棉夹芯板	中华人民共和国建材行业标准《金属面岩棉、矿渣棉夹芯板》JC/T 869—2000
新能源	光伏	国家建筑标准设计图集《建筑太阳能光伏系统设计与安装》10J908—5
	光热	国家建筑标准设计图集《平屋面改坡屋面建筑构造》03J203； 国家建筑标准设计图集《住宅太阳能热水系统选用与安装》11CJ32
特殊	1. 倒置式屋面保温层的设计厚度应按计算厚度增加25%取值，且最小厚度不得小于25mm； 2. 坡屋面的保温层设为保温棉时，应加强防水处理，或改在室内屋面表面设置	

第3章 外墙节能设计

3.1 标准指标

外墙节能设计相关要求　　表3-1

<table>
<tr><th colspan="3">类别</th><th>传热系数 K 值要求</th></tr>
<tr><td rowspan="4">国标居建</td><td rowspan="2">体形系数≤0.4</td><td>$D \leqslant 2.5$</td><td>$K \leqslant 1.0$</td></tr>
<tr><td>$D > 2.5$</td><td>$K \leqslant 1.5$</td></tr>
<tr><td rowspan="2">体形系数>0.4</td><td>$D \leqslant 2.5$</td><td>$K \leqslant 0.8$</td></tr>
<tr><td>$D > 2.5$</td><td>$K \leqslant 1.0$</td></tr>
<tr><td rowspan="4">省标公建</td><td colspan="2">甲类</td><td>$K \leqslant 0.7$，权衡判断时 $K \leqslant 1.0$</td></tr>
<tr><td colspan="2">乙类</td><td>$K \leqslant 1.0$，权衡判断时 $K \leqslant 1.0$</td></tr>
<tr><td colspan="2">丙类</td><td>$K \leqslant 1.5$，权衡判断时 $K \leqslant 1.5$</td></tr>
<tr><td colspan="2">地下室外墙（自室外自然地坪下0.8m内）</td><td>无 K 值要求，但应作保温处理，且热阻 R 不应小于 $1.2m^2 \cdot K/W$。浙江省范围内与土壤接触的公共建筑地面，建筑基础持力层以上各层材料的热阻之和，基本可满足热阻 $R \geqslant 1.2m^2 \cdot K/W$ 的规定</td></tr>
<tr><td rowspan="2">国标农居</td><td>$D \geqslant 2.5$</td><td>$K \leqslant 1.8$</td><td rowspan="2">建筑节能构造可参照国标居建内容调整完善</td></tr>
<tr><td>$D < 2.5$</td><td>$K \leqslant 1.5$</td></tr>
</table>

3.2 常用材料及主要计算参数和热工比较

3.2.1 常用材料

常用外墙节能构造材料　　表3-2

基层墙体	1. 钢筋混凝土墙； 2. 非黏土型烧结多孔砖； 3. 陶粒混凝土复合砌块； 4. 蒸压砂加气混凝土砌块（B06级）； 5. 蒸压砂加气混凝土砌块（B07级）

续表

保温材料	1. 无机轻集料保温砂浆Ⅰ型（无机轻集料保温砂浆参数在国标与省标中的差别，详见附录F） 2. 无机轻集料保温砂浆Ⅱ型； 3. 胶粉聚苯颗粒（胶粉聚苯颗粒浆料、胶粉聚苯颗粒保温浆料）； 4. 膨胀聚苯板（EPS、塑模聚苯乙烯泡沫塑料），其品种较多，具体详见附录B； 5. 聚氨酯泡沫塑料，其品种较多，具体详见附录E

3.2.2 主要热工参数

常用外墙保温材料主要计算参数　　表3-3

材料名称	引用规范	导热系数	修正系数	相同厚度下，与无机保温砂浆Ⅰ型热工性能比较
保温棉	浙江省标准《居住建筑节能设计标准》DB 33/1015－2003	0.048	1.3	140.22％
无机保温砂浆Ⅰ型	中华人民共和国行业标准《无机轻集料砂浆保温系统技术规程》JGJ 253－2011	0.070	1.25	—
无机保温砂浆Ⅱ型		0.085	1.25	82.35％
胶粉聚苯颗粒	浙江省建筑标准图集《围护结构保温构造详图（一）》2005浙J45	0.060	1.2	121.53％
空气间层（100mm）	浙江省标准《公共建筑节能设计标准》DB 33/1036－2007	0.556	1.0	15.74％
聚氨酯泡沫塑料		0.27	1.2	270.06％
挤塑聚苯板		0.030	1.1	265.15％
膨胀聚苯板		0.041	1.3	164.17％

常用外墙围护结构材料主要计算参数 **表 3-4**

材料名称	引用规范	导热系数	修正系数	相同厚度下，与非黏多孔砖热工性能比较
钢筋混凝土墙	浙江省标准《浙江省公共建筑节能设计标准》DB 33/1036－2007	1.74	1.0	33.33%
砂加气混凝土砌块B07级	浙江省工程建设标准《蒸压砂加气混凝土砌块应用技术规程》DB33/T 1022－2005	0.20	1.36	213.24 %
砂加气混凝土砌块B06级	浙江省工程建设标准《蒸压砂加气混凝土砌块应用技术规程》DB33/T 1022－2005	0.16	1.36	266.54 %
陶粒混凝土复合砌块	浙江省建筑标准图集《陶粒混凝土砌块墙体建筑构造》2010 浙 J60	0.19	1.1	277.51 %
非黏多孔砖	浙江省标准《浙江省公共建筑节能设计标准》DB 33/1036－2007 参考P型烧结多孔砖	0.58	1.0	/

3.2.3 墙体热工计算

本节墙体热工计算的第1、2点描述按自国家建筑标准设计图集《建筑围护结构节能工程做法及数据》09J908－3中第1～3页整理；第3点描述按浙江省标准《居住建筑节能设计标准》DB 33/1035－2003附录A整理。

（1）墙体传热系数 K 按下列公式计算：

$$K=1/R_o=1/(R_i+\sum R+R_e)$$

式中 R_o——传热阻($m^2\cdot K/W$)；

R_i——内表面换热阻，一般取 $R_i=0.11(m^2\cdot K/W)$；

分户墙，两侧均取取 $R_i=0.11(m^2\cdot K/W)$；

R_e——外表面换热阻，取 $R_e=0.04(m^2\cdot K/W)$；

通风良好的空气间层，$R_e=0.08(m^2\cdot K/W)$；

$\sum R$——围护结构各层材料热阻总和($m^2\cdot K/W$)。

（2）进行热工计算的墙体构造层依次为（从外到内）：

1）饰面涂料或者面砖；

2）抗裂砂浆抹面；

3）保温隔热层；

4）基层墙体；

5）墙面抹灰。

（3）外墙平均传热系数的计算公式：

$$K_m=(K_p \cdot F_p+K_b \cdot F_b)/(F_p+F_b)$$
$$=(K_p \cdot F_p+K_{b1} \cdot F_{b1}+K_{b2} \cdot F_{b2}+K_{b3} \cdot F_{b3})/(F_p+F_{b1}+F_{b2}+F_{b3})$$

式中　K_m——外墙的平均传热系数[（W/m²·K）]；

K_p——外墙的主体传热系数[（W/m²·K）]；

$K_b(K_{b1}、K_{b2}、K_{b3})$——外墙的热桥传热系数[（W/m²·K）]；

F_p——外墙的主体部位的面积（m²）；

$F_b(F_{b1}、F_{b2}、F_{b3})$——外墙的热桥部位的面积（m²）。

3.2.4　砌体和热桥热工比例

非黏多孔砖墙体与热桥热工比例　　表 3-5

材　料　名　称	厚度	导热系数	修正系数	修正后导热系数	热桥与砌体比例
	mm	W/(m·K)		W/(m·K)	
热桥（钢筋混凝土）	200	1.74	1	1.74	—
非黏多孔砖墙体	200	0.58	1	0.58	100%

当采用多孔砖墙体自保温时，外墙平均传热系数不能满足国标居建 4.0.4 条要求的 $K \leqslant 1.5$，当增设保温措施，具体比例如下（砌体厚度不变）：

保温材料	厚度	热桥比例	砌体比例	备　　注
无机保温砂浆Ⅰ型	20	29%	71%	满足 $K \leqslant 1.5$，详细构造详见本手册 3.3 相关内容
	25	53%	47%	
	30	18%	82%	

续表

材料名称	厚度	导热系数	修正系数	修正后导热系数	热桥与砌体比例
	mm	W/(m·K)		W/(m·K)	

当增设外墙保温措施满足省标公建 4.2.1 条文的要求，具体比例如下（砌体厚度不变）：

保温材料	厚度	热桥比例	砌体比例	备　注
保温棉	10	78%	22%	满足 $K \leqslant 1.5$，详细构造详见本手册 3.4 相关内容
	25	37%	63%	满足 $K \leqslant 1.0$，详细构造详见本手册 3.4 相关内容
	30	72%	28%	
	50	25%	75%	满足 $K \leqslant 0.7$，详细构造详见本手册 3.4 相关内容
	60	10%	90%	

陶粒混凝土复合砌块与热桥热工比例　　　表 3-6

材料名称	厚度	导热系数	修正系数	修正后导热系数	热桥与砌体比例
	mm	W/(m·K)		W/(m·K)	
热桥(钢筋混凝土)	200	1.74	1	1.74	27%
陶粒混凝土复合砌块	200	0.19	1.1	0.209	73%

当采用上述陶粒混凝土复合砌块自保温时，外墙平均传热系数满足国标居建 4.0.4 条要求的 $K \leqslant 1.5$，当增设保温措施，具体比例如下(砌体厚度不变)：

保温材料	厚度	热桥比例	砌体比例	备　注
无机保温砂浆Ⅰ型	10	42%	58%	满足 $K \leqslant 1.5$，详细构造详见本手册 3.3 相关内容
	15	53%	47%	
	20	65%	35%	
	25	78%	22%	
	30	8%	92%	

当增设外墙保温措施满足省标公建 4.2.1 条文的要求，具体比例如下(砌体厚度不变)：

保温材料	厚度	热桥比例	砌体比例	备注
保温棉	10	90%	10%	满足 $K \leqslant 1.5$，详细构造详见本手册 3.4 相关内容
	10	35%	65%	满足 $K \leqslant 1.0$，详细构造详见本手册 3.4 相关内容
	20	59%	41%	
	30	90%	10%	
	30	28%	72%	满足 $K \leqslant 0.7$，详细构造详见本手册 3.4 相关内容
	40	49%	51%	
	50	73%	27%	

砂加气混凝土砌块墙体（B07级）与热桥热工比例　　表 3-7

材料名称	厚度	导热系数	修正系数	修正后导热系数	热桥与砌体比例
	mm	W/(m·K)		W/(m·K)	
热桥(钢筋混凝土)	200	1.74	1	1.74	20%
砂加气混凝土砌块墙体(B07级)	200	0.20	1.36	0.272	80%

当采用上述砂加气混凝土砌块墙体(B07级)自保温时，外墙平均传热系数满足国标居建4.0.4条要求的$K \leqslant 1.5$，当增设保温措施，具体比例如下(砌体厚度不变)：

保温材料	厚度	热桥比例	砌体比例	备　注
无机保温砂浆Ⅰ型	10	35%	65%	满足$K \leqslant 1.5$，详细构造详见本手册3.3相关内容
	15	47%	53%	
	20	60%	40%	
	25	75%	25%	
	30	91%	9%	

当增设外墙保温措施满足省标公建4.2.1条文的要求，具体比例如下(砌体厚度不变)：

保温材料	厚度	热桥比例	砌体比例	备　注
保温棉	10	88%	12%	满足$K \leqslant 1.5$，详细构造详见本手册3.4相关内容
	10	25%	75%	满足$K \leqslant 1.0$，详细构造详见本手册3.4相关内容
	20	52%	48%	
	30	88%	12%	
	30	16%	84%	满足$K \leqslant 0.7$，详细构造详见本手册3.4相关内容
	40	38%	62%	
	50	65%	35%	
	60	98%	2%	

砂加气混凝土砌块墙体（B06级）与热桥热工比例　　表3-8

材料名称	厚度	导热系数	修正系数	修正后导热系数	热桥与砌体比例
	mm	W/(m·K)		W/(m·K)	
热桥(钢筋混凝土)	200	1.74	1	1.74	26%
砂加气混凝土砌块墙体(B06级)	200	0.16	1.36	0.272	74%

当采用上述砂加气混凝土砌块墙体(B06级)自保温时，外墙平均传热系数满足国标居建4.0.4条要求的$K \leqslant 1.5$，当增设保温措施，具体比例如下(砌体厚度不变)：

保温材料	厚度	热桥比例	砌体比例	备　注
无机保温砂浆Ⅰ型	10	41%	59%	满足$K \leqslant 1.5$，详细构造详见本手册3.3相关内容
	15	52%	48%	
	20	64%	36%	
	25	77%	23%	
	30	92%	8%	

当增设外墙保温措施满足省标公建4.2.1条文的要求，具体比例如下(砌体厚度不变)：

保温材料	厚度	热桥比例	砌体比例	备　注
保温棉	10	90%	10%	满足$K \leqslant 1.5$，详细构造详见本手册3.4相关内容
	10	34%	66%	满足$K \leqslant 1.0$，详细构造详见本手册3.4相关内容
	20	58%	42%	
	30	89%	11%	
	30	26%	74%	满足$K \leqslant 0.7$，详细构造详见本手册3.4相关内容
	40	46%	54%	
	50	70%	30%	
	60	100%	—	

3.3 居住建筑常见做法

3.3.1 住宅：外保温设计

外墙外保温——200mm 钢筋混凝土＋35mm 无机保温砂浆Ⅰ型 **表 3-9**

各层材料名称	厚度	导热系数	修正系数	修正后导热系数	蓄热系数	修正后蓄热系数	热阻值	热惰性指标
外墙饰面	0	—	—	—	—	—	—	—
抗裂砂浆(网格布)	5	0.930	1.0	0.930	11.311	11.311	0.005	0.061
无机保温砂浆Ⅰ型	35	0.070	1.25	0.088	1.200	1.500	0.400	0.600
界面剂	0	—	—	—	—	—	—	—
钢筋混凝土墙体	200	1.740	1.0	1.740	17.200	17.200	0.115	1.977
混合砂浆	20	0.870	1.0	0.870	10.750	10.750	0.023	0.247
合计	260	—	—	—	—	—	0.543	2.88
墙主体传热阻[(m²·K)/W]	$R_0=R_i+\Sigma R+R_e$ $=0.693$				注：R_i取 0.11，R_e取 0.04			
墙主体传热系数[W/(m²·K)]	$K=1/R_0=1.44$							

保温材料厚度不变，砌体更换时，外墙热工参数如下(砌体厚度不变)

砌体材料	非黏多孔砖	砂加气混凝土砌块(B07 级)	陶粒混凝土复合砌块
传热系数 K	1.08	0.76	0.71
热阻 R_0	0.923	1.312	1.412
热惰性指标 D	3.64	4.49	4.61
国标居建 4.0.4 条的要求	体形系数≤0.40	$D\leqslant2.5$	$K\leqslant1.0$
		$D>2.5$	$K\leqslant1.5$
	体形系数>0.40	$D\leqslant2.5$	$K\leqslant0.8$
		$D>2.5$	$K\leqslant1.0$

外墙外保温——200mm 钢筋混凝土＋45mm 无机保温砂浆Ⅰ型 表 3-10

各层材料名称	厚度	导热系数	修正系数	修正后导热系数	蓄热系数	修正后蓄热系数	热阻值	热惰性指标
外墙饰面	0	—	—	—	—	—	—	—
抗裂砂浆(网格布)	5	0.930	1.0	0.930	11.311	11.311	0.005	0.061
无机保温砂浆Ⅰ型	45	0.070	1.25	0.088	1.200	1.500	0.514	0.771
界面剂	0	—	—	—	—	—	—	—
钢筋混凝土墙体	200	1.740	1.0	1.740	17.200	17.200	0.115	1.977
混合砂浆	20	0.870	1.0	0.870	10.750	10.750	0.023	0.247
合计	270	—	—	—	—	—	0.658	3.06
墙主体传热阻[$(m^2\cdot K)/W$]	$R_0=R_i+\Sigma R+R_e$ $=0.808$				注：R_i取 0.11，R_e取 0.04			
墙主体传热系数[$W/(m^2\cdot K)$]	$K=1/R_0=1.24$							

保温材料厚度不变，砌体更换时，外墙热工参数如下(砌体厚度不变)

砌体材料	非黏多孔砖	砂加气混凝土砌块(B07 级)	陶粒混凝土复合砌块
传热系数 K	0.96	0.70	0.66
热阻 R_0	1.037	1.426	1.526
热惰性指标 D	3.81	4.67	4.79
国标居建 4.0.4 条的要求	体形系数≤0.40	$D\leqslant2.5$	$K\leqslant1.0$
		$D>2.5$	$K\leqslant1.5$
	体形系数>0.40	$D\leqslant2.5$	$K\leqslant0.8$
		$D>2.5$	$K\leqslant1.0$

外墙外保温——240mm钢筋混凝土＋35mm无机保温砂浆Ⅰ型

表 3-11

各层材料名称	厚度	导热系数	修正系数	修正后导热系数	蓄热系数	修正后蓄热系数	热阻值	热惰性指标
外墙饰面	0	—	—	—	—	—	—	—
抗裂砂浆(网格布)	5	0.930	1.0	0.930	11.311	11.311	0.005	0.061
无机保温砂浆Ⅰ型	35	0.070	1.25	0.088	1.200	1.500	0.400	0.600
界面剂	0	—	—	—	—	—	—	—
钢筋混凝土墙体	240	1.740	1.0	1.740	17.200	17.200	0.138	2.372
混合砂浆	20	0.870	1.0	0.870	10.750	10.750	0.023	0.247
合计	300	—	—	—	—	—	0.566	3.28
墙主体传热阻 [(m^2·K)/W]	$R_0=R_i+\Sigma R+R_e=0.716$				注：R_i取0.11，R_e取0.04			
墙主体传热系数 [W/(m^2·K)]	$K=1/R_0=1.40$							

保温材料厚度不变，砌体更换时，外墙热工参数如下(砌体厚度不变)

砌体材料	非黏多孔砖	砂加气混凝土砌块(B07级)	陶粒混凝土复合砌块
传热系数 K	1.01	0.69	0.63
热阻 R_0	0.992	1.459	1.578
热惰性指标 D	4.19	5.21	5.36
国标居建4.0.4条的要求	体形系数≤0.40	$D\leqslant2.5$	$K\leqslant1.0$
		$D>2.5$	$K\leqslant1.5$
	体形系数>0.40	$D\leqslant2.5$	$K\leqslant0.8$
		$D>2.5$	$K\leqslant1.0$

外墙外保温——240mm钢筋混凝土+45mm无机保温砂浆Ⅰ型　表 3-12

各层材料名称	厚度	导热系数	修正系数	修正后导热系数	蓄热系数	修正后蓄热系数	热阻值	热惰性指标
外墙饰面	0	—	—	—	—	—	—	—
抗裂砂浆(网格布)	5	0.930	1.0	0.930	11.311	11.311	0.005	0.061
无机保温砂浆Ⅰ型	45	0.070	1.25	0.088	1.200	1.500	0.514	0.771
界面剂	0	—	—	—	—	—	—	—
钢筋混凝土墙体	240	1.740	1.0	1.740	17.200	17.200	0.138	2.372
混合砂浆	20	0.870	1.0	0.870	10.750	10.750	0.023	0.247
合计	310	—	—	—	—	—	0.681	3.45
墙主体传热阻[(m²·K)/W]		$R_0=R_i+\Sigma R+R_e=0.831$			注：R_i取0.11，R_e取0.04			
墙主体传热系数[W/(m²·K)]		$K=1/R_0=1.20$						

保温材料厚度不变，砌体更换时，外墙热工参数如下(砌体厚度不变)

砌体材料	非黏多孔砖	砂加气混凝土砌块(B07级)	陶粒混凝土复合砌块
传热系数 K	0.90	0.64	0.59
热阻 R_0	1.106	1.574	1.693
热惰性指标 D	4.36	5.38	5.53
国标居建4.0.4条的要求	体形系数≤0.40	$D\leqslant2.5$	$K\leqslant1.0$
		$D>2.5$	$K\leqslant1.5$
	体形系数>0.40	$D\leqslant2.5$	$K\leqslant0.8$
		$D>2.5$	$K\leqslant1.0$

外墙外保温——200mm多孔砖+15mm无机保温砂浆Ⅰ型 表 3-13

各层材料名称	厚度	导热系数	修正系数	修正后导热系数	蓄热系数	修正后蓄热系数	热阻值	热惰性指标
外墙饰面	0	—	—	—	—	—	—	—
抗裂砂浆(网格布)	5	0.930	1.0	0.930	11.311	11.311	0.005	0.061
无机保温砂浆Ⅰ型	15	0.070	1.25	0.088	1.200	1.500	0.171	0.257
界面剂	0	—	—	—	—	—	—	—
非黏多孔砖墙体	200	0.580	1.0	0.580	7.920	7.920	0.345	2.731
混合砂浆	20	0.870	1.0	0.870	10.750	10.750	0.023	0.247
合计	240	—	—	—	—	—	0.545	3.30
墙主体传热阻[$(m^2 \cdot K)/W$]		$R_0 = R_i + \Sigma R + R_e = 0.695$			注：R_i取0.11，R_e取0.04			
墙主体传热系数[$W/(m^2 \cdot K)$]		$K = 1/R_0 = 1.44$						

保温材料厚度不变，砌体更换时，外墙热工参数如下(砌体厚度不变)

砌体材料	钢筋混凝土	砂加气混凝土砌块(B07级)	陶粒混凝土复合砌块
传热系数 K	2.15	0.92	0.85
热阻 R_0	0.465	1.085	1.183
热惰性指标 D	2.54	4.16	4.27
国标居建4.0.4条的要求	体形系数≤0.40	$D \leqslant 2.5$	$K \leqslant 1.0$
		$D > 2.5$	$K \leqslant 1.5$
	体形系数>0.40	$D \leqslant 2.5$	$K \leqslant 0.8$
		$D > 2.5$	$K \leqslant 1.0$

外墙外保温——240mm 多孔砖＋15mm 无机保温砂浆Ⅰ型

表 3-14

各层材料名称	厚度	导热系数	修正系数	修正后导热系数	蓄热系数	修正后蓄热系数	热阻值	热惰性指标
外墙饰面	0	—	—	—	—	—	—	—
抗裂砂浆(网格布)	5	0.930	1.0	0.930	11.311	11.311	0.005	0.061
无机保温砂浆Ⅰ型	15	0.070	1.25	0.088	1.200	1.500	0.171	0.257
界面剂	0	—	—	—	—	—	—	—
非黏多孔砖墙体	240	0.580	1.0	0.580	7.920	7.920	0.414	3.277
混合砂浆	20	0.870	1.0	0.870	10.750	10.750	0.023	0.247
合计	280	—	—	—	—	—	0.614	3.84
墙主体传热阻 [$(m^2 \cdot K)/W$]	$R_0 = R_i + \Sigma R + R_e = 0.764$				注：R_i取 0.11，R_e取 0.04			
墙主体传热系数 [$W/(m^2 \cdot K)$]	$K = 1/R_0 = 1.31$							

保温材料厚度不变，砌体更换时，外墙热工参数如下(砌体厚度不变)

砌体材料	钢筋混凝土	砂加气混凝土砌块(B07级)	陶粒混凝土复合砌块
传热系数 K	2.05	0.81	0.74
热阻 R_0	0.488	1.232	1.350
热惰性指标 D	2.94	4.87	5.01
国标居建 4.0.4 条的要求	体形系数≤0.40	$D \leqslant 2.5$	$K \leqslant 1.0$
		$D > 2.5$	$K \leqslant 1.5$
	体形系数>0.40	$D \leqslant 2.5$	$K \leqslant 0.8$
		$D > 2.5$	$K \leqslant 1.0$

3.3.2 住宅：内保温设计

外墙内保温——200mm 钢筋混凝土+35mm 无机保温砂浆Ⅰ型 **表 3-15**

各层材料名称	厚度	导热系数	修正系数	修正后导热系数	蓄热系数	修正后蓄热系数	热阻值	热惰性指标
外墙饰面	0	—	—	—	—	—	—	—
混合砂浆	20	0.870	1.0	0.870	10.750	10.750	0.023	0.247
钢筋混凝土墙体	200	1.740	1.0	1.740	17.200	17.200	0.115	1.977
界面剂	0	—	—	—	—	—	—	—
无机保温砂浆Ⅰ型	35	0.070	1.25	0.088	1.200	1.500	0.400	0.600
抗裂砂浆(网格布)	5	0.930	1.0	0.930	11.311	11.311	0.005	0.061
合计	260	—	—	—	—	—	0.543	2.88
墙主体传热阻 [(m²·K)/W]	$R_0=R_i+\Sigma R+R_e=0.693$				注：R_i取 0.11，R_e取 0.04			
墙主体传热系数 [W/(m²·K)]	$K=1/R_0=1.44$							

保温材料厚度不变，砌体更换时，外墙热工参数如下(砌体厚度不变)

砌体材料	非黏多孔砖	砂加气混凝土砌块(B07 级)	砂加气混凝土砌块(B06 级)	陶粒混凝土复合砌块
传热系数 K	1.08	0.76	0.67	0.65
热阻 R_0	0.923	1.312	1.497	1.535
热惰性指标 D	3.64	4.49	5.01	4.72
国标居建 4.0.4 条的要求	体形系数≤0.40		$D\leqslant2.5$	$K\leqslant1.0$
			$D>2.5$	$K\leqslant1.5$
	体形系数>0.40		$D\leqslant2.5$	$K\leqslant0.8$
			$D>2.5$	$K\leqslant1.0$

外墙内保温——200mm钢筋混凝土+45mm

无机保温砂浆Ⅰ型　　表 3-16

各层材料名称	厚度	导热系数	修正系数	修正后导热系数	蓄热系数	修正后蓄热系数	热阻值	热惰性指标
外墙饰面	0	—	—	—	—	—	—	—
混合砂浆	20	0.870	1.0	0.870	10.750	10.750	0.023	0.247
钢筋混凝土墙体	200	1.740	1.0	1.740	17.200	17.200	0.115	1.977
界面剂	0	—	—	—	—	—	—	—
无机保温砂浆Ⅰ型	45	0.070	1.25	0.088	1.200	1.500	0.514	0.771
抗裂砂浆(网格布)	5	0.930	1.0	0.930	11.311	11.311	0.005	0.061
合计	270	—	—	—	—	—	0.658	3.06
墙主体传热阻[$(m^2 \cdot K)/W$]	$R_0 = R_i + \Sigma R + R_e = 0.808$				注：R_i取0.11，R_e取0.04			
墙主体传热系数[$W/(m^2 \cdot K)$]	$K=1/R_0=1.24$							

保温材料厚度不变，砌体更换时，外墙热工参数如下(砌体厚度不变)

砌体材料	非黏多孔砖	砂加气混凝土砌块(B07级)	砂加气混凝土砌块(B06级)	陶粒混凝土复合砌块
传热系数 K	0.96	0.70	0.62	0.61
热阻 R_0	1.037	1.428	1.612	1.650
热惰性指标 D	3.81	4.67	5.18	4.89
国标居建4.0.4条的要求	体形系数≤0.40		$D \leqslant 2.5$	$K \leqslant 1.0$
			$D>2.5$	$K \leqslant 1.5$
	体形系数>0.40		$D \leqslant 2.5$	$K \leqslant 0.8$
			$D>2.5$	$K \leqslant 1.0$

外墙内保温——240mm 钢筋混凝土+35mm 无机保温砂浆Ⅰ型

表 3-17

各层材料名称	厚度	导热系数	修正系数	修正后导热系数	蓄热系数	修正后蓄热系数	热阻值	热惰性指标
外墙饰面	0	—	—	—	—	—	—	—
混合砂浆	20	0.870	1.0	0.870	10.750	10.750	0.023	0.247
钢筋混凝土墙体	240	1.740	1.0	1.740	17.200	17.200	0.138	2.372
界面剂	0	—	—	—	—	—	—	—
无机保温砂浆Ⅰ型	35	0.070	1.25	0.088	1.200	1.500	0.400	0.600
抗裂砂浆(网格布)	5	0.930	1.0	0.930	11.311	11.311	0.005	0.061
合计	300	—	—	—	—	—	0.566	3.28
墙主体传热阻 [(m²·K)/W]		$R_0=R_i+\Sigma R+R_e=0.716$			注：R_i取 0.11，R_e取 0.04			
墙主体传热系数 [W/(m²·K)]		$K=1/R_0=1.40$						

保温材料厚度不变，砌体更换时，外墙热工参数如下(砌体厚度不变)

砌体材料	非黏多孔砖	砂加气混凝土砌块(B07 级)	砂加气混凝土砌块(B06 级)	陶粒混凝土复合砌块
传热系数 K	1.01	0.68	0.60	0.58
热阻 R_0	0.992	1.461	1.681	1.727
热惰性指标 D	4.19	5.22	5.83	5.48
国标居建 4.0.4 条的要求	体形系数≤0.40		$D\leqslant2.5$	$K\leqslant1.0$
			$D>2.5$	$K\leqslant1.5$
	体形系数>0.40		$D\leqslant2.5$	$K\leqslant0.8$
			$D>2.5$	$K\leqslant1.0$

外墙内保温——240mm 钢筋混凝土＋45mm 无机保温砂浆Ⅰ型 **表 3-18**

各层材料名称	厚度	导热系数	修正系数	修正后导热系数	蓄热系数	修正后蓄热系数	热阻值	热惰性指标
外墙饰面	0	—	—	—	—	—	—	—
混合砂浆	20	0.870	1.0	0.870	10.750	10.750	0.023	0.247
钢筋混凝土墙体	240	1.740	1.0	1.740	17.200	17.200	0.138	2.372
界面剂	0	—	—	—	—	—	—	—
无机保温砂浆Ⅰ型	45	0.070	1.25	0.088	1.200	1.500	0.514	0.771
抗裂砂浆（网格布）	5	0.930	1.0	0.930	11.311	11.311	0.005	0.061
合计	310	—	—	—	—	—	0.681	3.45
墙主体传热阻 [$(m^2 \cdot K)/W$]		$R_0 = R_i + \Sigma R + R_e = 0.831$			注：R_i取 0.11，R_e取 0.04			
墙主体传热系数 [$W/(m^2 \cdot K)$]		$K = 1/R_0 = 1.20$						

保温材料厚度不变，砌体更换时，外墙热工参数如下（砌体厚度不变）

砌体材料	非黏多孔砖	砂加气混凝土砌块（B07 级）	砂加气混凝土砌块（B06 级）	陶粒混凝土复合砌块
传热系数 K	0.90	0.64	0.56	0.54
热阻 R_0	1.106	1.575	1.796	1.841
热惰性指标 D	4.36	5.39	6.00	5.65
国标居建 4.0.4 条的要求	体形系数≤0.40		$D \leqslant 2.5$	$K \leqslant 1.0$
			$D > 2.5$	$K \leqslant 1.5$
	体形系数＞0.40		$D \leqslant 2.5$	$K \leqslant 0.8$
			$D > 2.5$	$K \leqslant 1.0$

外墙内保温——200mm 多孔砖＋15mm 无机保温砂浆Ⅰ型　　表 3-19

各层材料名称	厚度	导热系数	修正系数	修正后导热系数	蓄热系数	修正后蓄热系数	热阻值	热惰性指标
外墙饰面	0	—	—	—	—	—	—	—
混合砂浆	20	0.870	1.0	0.870	10.750	10.750	0.023	0.247
非黏多孔砖墙体	200	0.580	1.0	0.580	7.920	7.920	0.345	2.731
界面剂	0	—	—	—	—	—	—	—
无机保温砂浆Ⅰ型	15	0.070	1.25	0.088	1.200	1.500	0.171	0.257
抗裂砂浆(网格布)	5	0.930	1.0	0.930	11.311	11.311	0.005	0.061
合计	240	—	—	—	—	—	0.545	3.30
墙主体传热阻 [$(m^2 \cdot K)/W$]	$R_0 = R_i + \Sigma R + R_e$ = 0.695				注：R_i取 0.11，R_e取 0.04			
墙主体传热系数 [$W/(m^2 \cdot K)$]	$K=1/R_0=1.44$							

保温材料厚度不变，砌体更换时，外墙热工参数如下(砌体厚度不变)

砌体材料	非黏多孔砖	砂加气混凝土砌块(B07 级)	砂加气混凝土砌块(B06 级)	陶粒混凝土复合砌块
传热系数 K	2.15	0.92	0.79	0.77
热阻 R_0	0.465	1.085	1.269	1.307
热惰性指标 D	2.54	4.16	4.67	4.37
国标居建 4.0.4 条的要求	体形系数≤0.40		$D \leqslant 2.5$	$K \leqslant 1.0$
			$D > 2.5$	$K \leqslant 1.5$
	体形系数>0.40		$D \leqslant 2.5$	$K \leqslant 0.8$
			$D > 2.5$	$K \leqslant 1.0$

外墙内保温——240mm 多孔砖+15mm 无机保温砂浆Ⅰ型

表 3-20

各层材料名称	厚度	导热系数	修正系数	修正后导热系数	蓄热系数	修正后蓄热系数	热阻值	热惰性指标
外墙饰面	0	—	—	—	—	—	—	—
混合砂浆	20	0.870	1.0	0.870	10.750	10.750	0.023	0.247
非黏多孔砖墙体	240	0.580	1.0	0.580	7.920	7.920	0.414	3.277
界面剂	0	—	—	—	—	—	—	
无机保温砂浆Ⅰ型	15	0.070	1.25	0.088	1.200	1.500	0.171	0.257
抗裂砂浆(网格布)	5	0.930	1.0	0.930	11.311	11.311	0.005	0.061
合计	280	—	—	—	—	—	0.614	3.84
墙主体传热阻 [(m²·K)/W]	$R_0=R_i+\Sigma R+R_e$ $=0.764$				注：R_i取 0.11，R_e取 0.04			
墙主体传热系数 [W/(m²·K)]	$K=1/R_0=1.31$							

保温材料厚度不变，砌体更换时，外墙热工参数如下(砌体厚度不变)

砌体材料	非黏多孔砖	砂加气混凝土砌块(B07 级)	砂加气混凝土砌块(B06 级)	陶粒混凝土复合砌块
传热系数 K	2.05	0.81	0.69	0.67
热阻 R_0	0.488	1.232	1.453	1.498
热惰性指标 D	2.94	4.87	5.49	5.14
国标居建 4.0.4 条的要求	体形系数≤0.40		$D\leqslant 2.5$	$K\leqslant 1.0$
			$D>2.5$	$K\leqslant 1.5$
	体形系数>0.40		$D\leqslant 2.5$	$K\leqslant 0.8$
			$D>2.5$	$K\leqslant 1.0$

3.3.3 住宅：自保温设计

自保温——200陶粒混凝土复合砌块

（70厚膨胀聚苯板） **表3-21**

各层材料名称	厚度	导热系数	修正系数	修正后导热系数	蓄热系数	修正后蓄热系数	热阻值	热惰性指标
外墙饰面	0	—	—	—	—	—	—	—
混合砂浆	20	0.870	1.0	0.870	10.750	10.750	0.023	0.247
陶粒混凝土复合砌块墙体	200	0.190	1.1	0.209	3.618	3.980	0.957	3.808
混合砂浆	20	0.870	1.0	0.870	10.750	10.750	0.023	0.247
合计	240	—	—	—	—	—	1.003	4.30
墙主体传热阻 [$(m^2 \cdot K)/W$]	$R_0 = R_i + \Sigma R + R_e = 1.153$				注：R_i取0.11，R_e取0.04			
墙主体传热系数 [$W/(m^2 \cdot K)$]	$K=1/R_0=0.87$							
国标居建4.0.4条的要求	体形系数≤0.40			$D \leqslant 2.5$		$K \leqslant 1.0$		
				$D>2.5$		$K \leqslant 1.5$		
	体形系数>0.40			$D \leqslant 2.5$		$K \leqslant 0.8$		
				$D>2.5$		$K \leqslant 1.0$		

自保温——240陶粒混凝土复合砌块

（70厚膨胀聚苯板） **表3-22**

各层材料名称	厚度	导热系数	修正系数	修正后导热系数	蓄热系数	修正后蓄热系数	热阻值	热惰性指标
外墙饰面	0	—	—	—	—	—	—	—
混合砂浆	20	0.870	1.0	0.870	10.750	10.750	0.023	0.247
陶粒混凝土复合砌块墙体	240	0.190	1.1	0.209	3.618	3.980	1.148	4.570
混合砂浆	20	0.870	1.0	0.870	10.750	10.750	0.023	0.247
合计	280	—	—	—	—	—	1.194	5.06

墙主体传热阻 [$(m^2 \cdot K)/W$]	$R_0 = R_i + \Sigma R + R_e = 1.344$	注：R_i取0.11，R_e取0.04	
墙主体传热系数 [$W/(m^2 \cdot K)$]	$K = 1/R_0 = 0.74$		
国标居建4.0.4条的要求	体形系数≤0.40	$D \leq 2.5$	$K \leq 1.0$
		$D > 2.5$	$K \leq 1.5$
	体形系数>0.40	$D \leq 2.5$	$K \leq 0.8$
		$D > 2.5$	$K \leq 1.0$

自保温——200砂加气混凝土砌块（B07级）　　表3-23

各层材料名称	厚度	导热系数	修正系数	修正后导热系数	蓄热系数	修正后蓄热系数	热阻值	热惰性指标
外墙饰面	0	—	—	—	—	—	—	—
聚合物水泥石灰砂浆	20	0.930	1.0	0.930	11.370	11.370	0.022	0.245
界面剂	0	—	—	—	—	—	—	—
砂加气混凝土砌块墙体(B07级)	200	0.200	1.36	0.272	3.590	4.882	0.735	3.590
界面剂	0	—	—	—	—	—	—	—
聚合物水泥石灰砂浆	20	0.930	1.0	0.930	11.370	11.370	0.022	0.245
合计	240	—	—	—	—	—	0.778	4.08
墙主体传热阻 [$(m^2 \cdot K)/W$]	$R_0 = R_i + \Sigma R + R_e = 0.928$				注：R_i取0.11，R_e取0.04			
墙主体传热系数 [$W/(m^2 \cdot K)$]	$K = 1/R_0 = 1.08$							
国标居建4.0.4条的要求	体形系数≤0.40				$D \leqslant 2.5$		$K \leqslant 1.0$	
					$D > 2.5$		$K \leqslant 1.5$	
	体形系数>0.40				$D \leqslant 2.5$		$K \leqslant 0.8$	
					$D > 2.5$		$K \leqslant 1.0$	

自保温——240 砂加气混凝土砌块（B07 级） **表 3-24**

各层材料名称	厚度	导热系数	修正系数	修正后导热系数	蓄热系数	修正后蓄热系数	热阻值	热惰性指标
外墙饰面	0	—	—	—	—	—	—	—
聚合物水泥石灰砂浆	20	0.930	1.0	0.930	11.370	11.370	0.022	0.245
界面剂	0	—	—	—	—	—	—	—
砂加气混凝土砌块墙体(B07 级)	240	0.200	1.36	0.272	3.590	4.882	0.882	4.308
界面剂	0	—	—	—	—	—	—	—
聚合物水泥石灰砂浆	20	0.930	1.0	0.930	11.370	11.370	0.022	0.245
合计	280	—	—	—	—	—	0.925	4.80
墙主体传热阻 [$(m^2 \cdot K)/W$]	$R_0=R_i+\Sigma R+R_e=1.075$				注：R_i取 0.11，R_e取 0.04			
墙主体传热系数 [$W/(m^2 \cdot K)$]	$K=1/R_0=0.93$							
国标居建 4.0.4 条的要求	体形系数≤0.40			$D\leqslant 2.5$		$K\leqslant 1.0$		
				$D>2.5$		$K\leqslant 1.5$		
	体形系数>0.40			$D\leqslant 2.5$		$K\leqslant 0.8$		
				$D>2.5$		$K\leqslant 1.0$		

自保温——200砂加气混凝土砌块（B06级）　　表3-25

<table>
<tr><th>各层材料名称</th><th>厚度</th><th>导热系数</th><th>修正系数</th><th>修正后导热系数</th><th>蓄热系数</th><th>修正后蓄热系数</th><th>热阻值</th><th>热惰性指标</th></tr>
<tr><td>外墙饰面</td><td>0</td><td>—</td><td>—</td><td>—</td><td>—</td><td>—</td><td>—</td><td>—</td></tr>
<tr><td>聚合物水泥石灰砂浆</td><td>20</td><td>0.930</td><td>1.0</td><td>0.930</td><td>11.370</td><td>11.370</td><td>0.022</td><td>0.245</td></tr>
<tr><td>界面剂</td><td>0</td><td>—</td><td>—</td><td>—</td><td>—</td><td>—</td><td>—</td><td>—</td></tr>
<tr><td>砂加气混凝土砌块墙体(B06级)</td><td>200</td><td>0.160</td><td>1.36</td><td>0.218</td><td>3.280</td><td>4.461</td><td>0.919</td><td>4.100</td></tr>
<tr><td>界面剂</td><td>0</td><td>—</td><td>—</td><td>—</td><td>—</td><td>—</td><td>—</td><td>—</td></tr>
<tr><td>聚合物水泥石灰砂浆</td><td>20</td><td>0.930</td><td>1.0</td><td>0.930</td><td>11.306</td><td>11.306</td><td>0.022</td><td>0.243</td></tr>
<tr><td>合计</td><td>240</td><td>—</td><td>—</td><td>—</td><td>—</td><td>—</td><td>0.962</td><td>4.59</td></tr>
<tr><td>墙主体传热阻[(m^2·K)/W]</td><td colspan="4">$R_0=R_i+\Sigma R+R_e$
$=1.112$</td><td colspan="4">注：R_i取0.11，R_e取0.04</td></tr>
<tr><td>墙主体传热系数[W/(m^2·K)]</td><td colspan="8">$K=1/R_0=0.90$</td></tr>
<tr><td rowspan="4">国标居建4.0.4条的要求</td><td colspan="3" rowspan="2">体形系数≤0.40</td><td colspan="3">$D\leqslant2.5$</td><td colspan="2">$K\leqslant1.0$</td></tr>
<tr><td colspan="3">$D>2.5$</td><td colspan="2">$K\leqslant1.5$</td></tr>
<tr><td colspan="3" rowspan="2">体形系数>0.40</td><td colspan="3">$D\leqslant2.5$</td><td colspan="2">$K\leqslant0.8$</td></tr>
<tr><td colspan="3">$D>2.5$</td><td colspan="2">$K\leqslant1.0$</td></tr>
</table>

自保温——240 砂加气混凝土砌块（B06 级） **表 3-26**

各层材料名称	厚度	导热系数	修正系数	修正后导热系数	蓄热系数	修正后蓄热系数	热阻值	热惰性指标
外墙饰面	0	—	—	—	—	—	—	—
聚合物水泥石灰砂浆	20	0.930	1.0	0.930	11.370	11.370	0.022	0.245
界面剂	0	—	—	—	—	—	—	—
砂加气混凝土砌块墙体(B06 级)	240	0.160	1.36	0.218	3.280	4.461	1.103	4.920
界面剂	0	—	—	—	—	—	—	—
聚合物水泥石灰砂浆	20	0.930	1.0	0.930	11.306	11.306	0.022	0.243
合计	280	—	—	—	—	—	1.146	5.41
墙主体传热阻 [(m^2·K)/W]	$R_0=R_i+\Sigma R+R_e=1.296$				注：R_i取 0.11，R_e取 0.04			
墙主体传热系数 [W/(m^2·K)]	$K=1/R_0=0.77$							
国标居建 4.0.4 条的要求	体形系数≤0.40			$D\leqslant2.5$			$K\leqslant1.0$	
				$D>2.5$			$K\leqslant1.5$	
	体形系数>0.40			$D\leqslant2.5$			$K\leqslant0.8$	
				$D>2.5$			$K\leqslant1.0$	

3.3.4 住宅和公建：内外保温设计

外墙内外保温——200mm钢筋混凝土+40mm（外）+25mm（内）无机保温砂浆Ⅰ型　　表 3-27

各层材料名称	厚度	导热系数	修正系数	修正后导热系数	蓄热系数	修正后蓄热系数	热阻值	热惰性指标
外墙饰面	0	—	—	—	—	—	—	—
抗裂砂浆(网格布)	5	0.930	1.0	0.930	11.311	11.311	0.005	0.061
无机保温砂浆Ⅰ型	40	0.070	1.25	0.088	1.200	1.500	0.457	0.686
界面剂	0	—	—	—	—	—	—	—
钢筋混凝土墙体	200	1.740	1.0	1.740	17.200	17.200	0.115	1.977
界面剂	0	—	—	—	—	—	—	—
无机保温砂浆Ⅰ型	25	0.070	1.25	0.088	1.200	1.500	0.286	0.429
抗裂砂浆(网格布)	5	0.930	1.0	0.930	11.311	11.311	0.005	0.061
合计	275	—	—	—	—	—	0.869	3.21
墙主体传热阻[$(m^2 \cdot K)/W$]	$R_0=R_i+\Sigma R+R_e=1.019$				注：R_i取0.11，R_e取0.04			
墙主体传热系数[$W/(m^2 \cdot K)$]	$K=1/R_0=0.98$							

保温材料厚度不变，砌体更换时，外墙热工参数如下(砌体厚度不变)

砌体材料	非黏多孔砖	砂加气混凝土砌块(B07级)	砂加气混凝土砌块(B06级)	陶粒混凝土复合砌块
传热系数 K	0.80	0.61	0.55	0.54
热阻 R_0	1.248	1.639	1.823	1.861
热惰性指标 D	3.97	4.83	5.34	5.04
国标居建4.0.4条的要求	体形系数≤0.40		$D≤2.5$	$K≤1.0$
			$D>2.5$	$K≤1.5$
	体形系数>0.40		$D≤2.5$	$K≤0.8$
			$D>2.5$	$K≤1.0$
省标公建4.2.1条文的要求	甲类$K≤0.7$，乙类$K≤1.0$，丙类$K≤1.5$			

外墙内外保温——240mm钢筋混凝土+40mm（外）+25mm（内）无机保温砂浆Ⅰ型 表 3-28

各层材料名称	厚度	导热系数	修正系数	修正后导热系数	蓄热系数	修正后蓄热系数	热阻值	热惰性指标
外墙饰面	0	—	—	—	—	—	—	—
抗裂砂浆(网格布)	5	0.930	1.0	0.930	11.311	11.311	0.005	0.061
无机保温砂浆Ⅰ型	40	0.070	1.25	0.088	1.200	1.500	0.457	0.686
界面剂	0	—	—	—	—	—	—	—
钢筋混凝土墙体	240	1.740	1.0	1.740	17.200	17.200	0.138	2.372
界面剂	0	—	—	—	—	—	—	—
无机保温砂浆Ⅰ型	25	0.070	1.25	0.088	1.200	1.500	0.286	0.429
抗裂砂浆(网格布)	5	0.930	1.0	0.930	11.311	11.311	0.005	0.061
合计	315	—	—	—	—	—	0.892	3.61
墙主体传热阻[(m²·K)/W]	$R_0=R_i+\Sigma R+R_e=1.042$				注：R_i取0.11，R_e取0.04			
墙主体传热系数[W/(m²·K)]	$K=1/R_0=0.96$							

保温材料厚度不变，砌体更换时，外墙热工参数如下(砌体厚度不变)

砌体材料	非黏多孔砖	砂加气混凝土砌块(B07级)	砂加气混凝土砌块(B06级)	陶粒混凝土复合砌块
传热系数 K	0.76	0.56	0.50	0.49
热阻 R_0	1.317	1.786	2.007	2.052
热惰性指标 D	4.51	5.54	6.16	5.81
国标居建4.0.4条的要求	体形系数≤0.40		$D\leqslant 2.5$	$K\leqslant 1.0$
			$D>2.5$	$K\leqslant 1.5$
	体形系数>0.40		$D\leqslant 2.5$	$K\leqslant 0.8$
			$D>2.5$	$K\leqslant 1.0$
省标公建4.2.1条文的要求	甲类$K\leqslant 0.7$，乙类$K\leqslant 1.0$，丙类$K\leqslant 1.5$			

外墙内外保温——200mm非黏多孔砖+30mm（外）+15mm（内）无机保温砂浆Ⅰ型　表3-29

各层材料名称	厚度	导热系数	修正系数	修正后导热系数	蓄热系数	修正后蓄热系数	热阻值	热惰性指标
外墙饰面	0	—	—	—	—	—	—	—
抗裂砂浆(网格布)	5	0.930	1.0	0.930	11.311	11.311	0.005	0.061
无机保温砂浆Ⅰ型	30	0.070	1.25	0.088	1.200	1.500	0.343	0.514
界面剂	0	—	—	—	—	—	—	—
非黏多孔砖	200	1.740	1.0	1.740	17.200	17.200	0.115	1.977
界面剂	0	—	—	—	—	—	—	—
无机保温砂浆Ⅰ型	15	0.070	1.25	0.088	1.200	1.500	0.171	0.257
抗裂砂浆(网格布)	5	0.930	1.0	0.930	11.311	11.311	0.005	0.061
合计	255	—	—	—	—	—	0.870	3.62
墙主体传热阻[$(m^2\cdot K)/W$]	$R_0=R_i+\Sigma R+R_e=1.020$				注：R_i取0.11，R_e取0.04			
墙主体传热系数[$W/(m^2\cdot K)$]	$K=1/R_0=0.98$							

保温材料厚度不变，砌体更换时，外墙热工参数如下(砌体厚度不变)

砌体材料	钢筋混凝土墙体	砂加气混凝土砌块(B07级)	砂加气混凝土砌块(B06级)	陶粒混凝土复合砌块
传热系数 K	1.27	0.71	0.63	0.61
热阻 R_0	0.790	1.410	1.594	1.632
热惰性指标 D	2.87	4.48	4.99	4.70
国标居建4.0.4条的要求	体形系数≤0.40		$D\leqslant2.5$	$K\leqslant1.0$
			$D>2.5$	$K\leqslant1.5$
	体形系数>0.40		$D\leqslant2.5$	$K\leqslant0.8$
			$D>2.5$	$K\leqslant1.0$
省标公建4.2.1条文的要求	甲类$K\leqslant0.7$，乙类$K\leqslant1.0$，丙类$K\leqslant1.5$			

外墙内外保温——240mm 非黏多孔砖＋25mm（外）＋15mm（内）无机保温砂浆Ⅰ型 表 3-30

各层材料名称	厚度	导热系数	修正系数	修正后导热系数	蓄热系数	修正后蓄热系数	热阻值	热惰性指标
外墙饰面	0	—	—	—	—	—	—	—
抗裂砂浆(网格布)	5	0.930	1.0	0.930	11.311	11.311	0.005	0.061
无机保温砂浆Ⅰ型	25	0.070	1.25	0.088	1.200	1.500	0.286	0.429
界面剂	0	—	—	—	—	—	—	—
非黏多孔砖	240	0.580	1.0	0.580	7.920	7.920	0.414	3.277
界面剂	0	—	—	—	—	—	—	—
无机保温砂浆Ⅰ型	15	0.070	1.25	0.088	1.200	1.500	0.171	0.257
抗裂砂浆(网格布)	5	0.930	1.0	0.930	11.311	11.311	0.005	0.061
合计	290	—	—	—	—	—	0.882	4.08

墙主体传热阻 [(m²·K)/W]	$R_0=R_i+\Sigma R+R_e$ $=1.032$	注：R_i取 0.11，R_e取 0.04
墙主体传热系数 [W/(m²·K)]	$K=1/R_0=0.97$	

保温材料厚度不变，砌体更换时，外墙热工参数如下(砌体厚度不变)

砌体材料	钢筋混凝土墙体	砂加气混凝土砌块(B07 级)	砂加气混凝土砌块(B06 级)	陶粒混凝土复合砌块
传热系数 K	1.32	0.67	0.58	0.57
热阻 R_0	0.756	1.500	1.721	1.766
热惰性指标 D	3.18	5.12	5.73	5.38
国标居建 4.0.4 条的要求	体形系数≤0.40		$D\leqslant2.5$	$K\leqslant1.0$
			$D>2.5$	$K\leqslant1.5$
	体形系数>0.40		$D\leqslant2.5$	$K\leqslant0.8$
			$D>2.5$	$K\leqslant1.0$
省标公建 4.2.1 条文的要求	甲类 $K\leqslant0.7$，乙类 $K\leqslant1.0$，丙类 $K\leqslant1.5$			

外墙内外保温——200mm 非黏多孔砖+50mm（外）+30mm（内）无机保温砂浆Ⅰ型 表 3-31

各层材料名称	厚度	导热系数	修正系数	修正后导热系数	蓄热系数	修正后蓄热系数	热阻值	热惰性指标
外墙饰面	0	—	—	—	—	—	—	—
抗裂砂浆(网格布)	5	0.930	1.0	0.930	11.311	11.311	0.005	0.061
无机保温砂浆Ⅰ型	50	0.070	1.25	0.088	1.200	1.500	0.571	0.857
界面剂	0	—	—	—	—	—	—	—
非黏多孔砖	200	1.740	1.0	1.740	17.200	17.200	0.115	1.977
界面剂	0	—	—	—	—	—	—	—
无机保温砂浆Ⅰ型	30	0.070	1.25	0.088	1.200	1.500	0.343	0.514
抗裂砂浆(网格布)	5	0.930	1.0	0.930	11.311	11.311	0.005	0.061
合计	290	—	—	—	—	—	1.270	4.22
墙主体传热阻 [(m²·K)/W]	$R_0=R_i+\Sigma R+R_e$ $=1.420$				注：R_i取 0.11，R_e取 0.04			
墙主体传热系数 [W/(m²·K)]	$K=1/R_0=0.70$							

保温材料厚度不变，砌体更换时，外墙热工参数如下(砌体厚度不变)

砌体材料	钢筋混凝土墙体	砂加气混凝土砌块(B07 级)	砂加气混凝土砌块(B06 级)	陶粒混凝土复合砌块
传热系数 K	0.84	0.55	0.50	0.49
热阻 R_0	1.190	1.810	1.994	2.032
热惰性指标 D	3.47	5.08	5.59	5.30
国标居建 4.0.4 条的要求	体形系数≤0.40		$D\leqslant2.5$	$K\leqslant1.0$
			$D>2.5$	$K\leqslant1.5$
	体形系数>0.40		$D\leqslant2.5$	$K\leqslant0.8$
			$D>2.5$	$K\leqslant1.0$
省标公建 4.2.1 条文的要求	甲类 $K\leqslant0.7$，乙类 $K\leqslant1.0$，丙类 $K\leqslant1.5$			

外墙内外保温——240mm 非黏多孔砖＋45mm（外）＋30mm（内）无机保温砂浆Ⅰ型 **表 3-32**

各层材料名称	厚度	导热系数	修正系数	修正后导热系数	蓄热系数	修正后蓄热系数	热阻值	热惰性指标
外墙饰面	0	—	—	—	—	—	—	—
抗裂砂浆(网格布)	5	0.930	1.0	0.930	11.311	11.311	0.005	0.061
无机保温砂浆Ⅰ型	45	0.070	1.25	0.088	1.200	1.500	0.514	0.771
界面剂	0	—	—	—	—	—	—	—
非黏多孔砖	240	0.580	1.0	0.580	7.920	7.920	0.414	3.277
界面剂	0	—	—	—	—	—	—	—
无机保温砂浆Ⅰ型	30	0.070	1.25	0.088	1.200	1.500	0.343	0.514
抗裂砂浆(网格布)	5	0.930	1.0	0.930	11.311	11.311	0.005	0.061
合计	325	—	—	—	—	—	1.282	4.68
墙主体传热阻[(m²·K)/W]	$R_0=R_i+\Sigma R+R_e=1.432$				注：R_i取 0.11，R_e取 0.04			
墙主体传热系数[W/(m²·K)]	$K=1/R_0=0.70$							

保温材料厚度不变，砌体更换时，外墙热工参数如下(砌体厚度不变)

砌体材料	钢筋混凝土墙体	砂加气混凝土砌块(B07 级)	砂加气混凝土砌块(B06 级)	陶粒混凝土复合砌块
传热系数 K	0.87	0.53	0.47	0.46
热阻 R_0	1.156	1.900	2.121	2.166
热惰性指标 D	3.78	5.72	6.33	5.98
国标居建 4.0.4 条的要求	体形系数≤0.40		$D\leqslant2.5$	$K\leqslant1.0$
			$D>2.5$	$K\leqslant1.5$
	体形系数>0.40		$D\leqslant2.5$	$K\leqslant0.8$
			$D>2.5$	$K\leqslant1.0$
省标公建 4.2.1 条文的要求	甲类 $K\leqslant0.7$，乙类 $K\leqslant1.0$，丙类 $K\leqslant1.5$			

3.4 公共建筑常见做法

3.4.1 公建：外保温设计

外墙外保温——200mm 钢筋混凝土+15mm 保温棉　表 3-33

各层材料名称	厚度	导热系数	修正系数	修正后导热系数	蓄热系数	修正后蓄热系数	热阻值	热惰性指标
幕墙	0	—	—	—	—	—	—	—
防水层	0	—	—	—	—	—	—	—
保温棉	15	0.048	1.3	0.062	0.653	0.849	0.240	0.204
空气间层(100mm)	100	0.556	1.0	0.556	1.690	1.690	0.180	0.304
钢筋混凝土墙体	200	1.740	1.0	1.740	17.200	17.200	0.115	1.977
混合砂浆	20	0.870	1.0	0.870	10.750	10.750	0.023	0.247
合计	335	—	—	—	—	—	0.558	2.73
墙主体传热阻[(m^2·K)/W]	$R_0=R_i+\Sigma R+R_e=0.708$				注：R_i取 0.11，R_e取 0.04			
墙主体传热系数[W/(m^2·K)]	$K=1/R_0=1.41$							

保温材料厚度不变，砌体更换时，外墙热工参数如下(砌体厚度不变)

砌体材料	非黏多孔砖	砂加气混凝土砌块(B07 级)	砂加气混凝土砌块(B06 级)	陶粒混凝土复合砌块
传热系数 K	1.07	0.75	0.66	0.65
热阻 R_0	0.938	1.329	1.512	1.550
热惰性指标 D	3.49	4.35	4.86	4.56
省标公建 4.2.1 条文的要求	甲类 $K\leqslant0.7$			
	乙类 $K\leqslant1.0$			
	丙类 $K\leqslant1.5$			

外墙外保温——240mm钢筋混凝土+15mm保温棉　　表 3-34

各层材料名称	厚度	导热系数	修正系数	修正后导热系数	蓄热系数	修正后蓄热系数	热阻值	热惰性指标
幕墙	0	—	—	—	—	—	—	—
防水层	0	—	—	—	—	—	—	—
保温棉	15	0.048	1.3	0.062	0.653	0.849	0.240	0.204
空气间层(100mm)	100	0.556	1.0	0.556	1.690	1.690	0.180	0.304
钢筋混凝土墙体	240	1.740	1.0	1.740	17.200	17.200	0.138	2.372
混合砂浆	20	0.870	1.0	0.870	10.750	10.750	0.023	0.247
合计	375	—	—	—	—	—	0.581	3.13
墙主体传热阻[(m²·K)/W]	$R_0=R_i+\Sigma R+R_e$ $=0.731$				注：R_i取0.11，R_e取0.04			
墙主体传热系数[W/(m²·K)]	$K=1/R_0=1.37$							

保温材料厚度不变，砌体更换时，外墙热工参数如下(砌体厚度不变)

砌体材料	非黏多孔砖	砂加气混凝土砌块(B07级)	砂加气混凝土砌块(B06级)	陶粒混凝土复合砌块
传热系数 K	0.99	0.68	0.59	0.57
热阻 R_0	1.007	1.476	1.696	1.742
热惰性指标 D	4.03	5.06	5.68	5.33
省标公建4.2.1条文的要求	甲类 $K\leqslant0.7$			
	乙类 $K\leqslant1.0$			
	丙类 $K\leqslant1.5$			

外墙外保温——200mm 钢筋混凝土＋35mm 保温棉　　表 3-35

各层材料名称	厚度	导热系数	修正系数	修正后导热系数	蓄热系数	修正后蓄热系数	热阻值	热惰性指标
幕墙	0	—	—	—	—	—	—	—
防水层	0	—	—	—	—	—	—	—
保温棉	35	0.048	1.3	0.062	0.653	0.849	0.561	0.476
空气间层(100mm)	100	0.556	1.0	0.556	1.690	1.690	0.180	0.304
钢筋混凝土墙体	200	1.740	1.0	1.740	17.200	17.200	0.115	1.977
混合砂浆	20	0.870	1.0	0.870	10.750	10.750	0.023	0.247
合计	355	—	—	—	—	—	0.879	3.00
墙主体传热阻 [$(m^2 \cdot K)/W$]	$R_0 = R_i + \Sigma R + R_e = 1.029$				注：R_i取 0.11，R_e取 0.04			
墙主体传热系数 [$W/(m^2 \cdot K)$]	$K=1/R_0=0.97$							

保温材料厚度不变，砌体更换时，外墙热工参数如下(砌体厚度不变)

砌体材料	非黏多孔砖	砂加气混凝土砌块(B07 级)	砂加气混凝土砌块(B06 级)	陶粒混凝土复合砌块
传热系数 K	0.79	0.61	0.55	0.53
热阻 R_0	1.259	1.649	1.833	1.871
热惰性指标 D	3.76	4.62	5.13	4.84
省标公建 4.2.1 条文的要求	甲类 $K \leqslant 0.7$			
	乙类 $K \leqslant 1.0$			
	丙类 $K \leqslant 1.5$			

外墙外保温——240mm钢筋混凝土+35mm保温棉　　表 3-36

各层材料名称	厚度	导热系数	修正系数	修正后导热系数	蓄热系数	修正后蓄热系数	热阻值	热惰性指标
幕墙	0	—	—	—	—	—	—	—
防水层	0	—	—	—	—	—	—	—
保温棉	35	0.048	1.3	0.062	0.653	0.849	0.561	0.476
空气间层(100mm)	100	0.556	1.0	0.556	1.690	1.690	0.180	0.304
钢筋混凝土墙体	240	1.740	1.0	1.740	17.200	17.200	0.138	2.372
混合砂浆	20	0.870	1.0	0.870	10.750	10.750	0.023	0.247
合计	395	—	—	—	—	—	0.902	3.40
墙主体传热阻 [(m²·K)/W]	$R_0 = R_i + \Sigma R + R_e = 1.052$			注：R_i取 0.11，R_e取 0.04				
墙主体传热系数 [W/(m²·K)]	$K = 1/R_0 = 0.95$							

保温材料厚度不变，砌体更换时，外墙热工参数如下(砌体厚度不变)

砌体材料	非黏多孔砖	砂加气混凝土砌块(B07 级)	砂加气混凝土砌块(B06 级)	陶粒混凝土复合砌块
传热系数 K	0.75	0.56	0.50	0.49
热阻 R_0	1.328	1.796	2.017	2.062
热惰性指标 D	4.30	5.34	4.95	5.60
省标公建 4.2.1 条文的要求	甲类 $K \leqslant 0.7$			
	乙类 $K \leqslant 1.0$			
	丙类 $K \leqslant 1.5$			

外墙外保温——200mm 钢筋混凝土+60mm 保温棉　　表 3-37

各层材料名称	厚度	导热系数	修正系数	修正后导热系数	蓄热系数	修正后蓄热系数	热阻值	热惰性指标
幕墙	0	—	—	—	—	—	—	—
防水层	0	—	—	—	—	—	—	—
保温棉	60	0.048	1.3	0.062	0.653	0.849	0.962	0.816
空气间层(100mm)	100	0.556	1.0	0.556	1.690	1.690	0.180	0.304
钢筋混凝土墙体	200	1.740	1.0	1.740	17.200	17.200	0.115	1.977
混合砂浆	20	0.870	1.0	0.870	10.750	10.750	0.023	0.247
合计	380	—	—	—	—	—	1.279	3.34
墙主体传热阻[(m²·K)/W]	$R_0=R_i+\Sigma R+R_e=1.429$				注：R_i取 0.11，R_e取 0.04			
墙主体传热系数[W/(m²·K)]	$K=1/R_0=0.70$							

保温材料厚度不变，砌体更换时，外墙热工参数如下(砌体厚度不变)

砌体材料	非黏多孔砖	砂加气混凝土砌块(B07 级)	砂加气混凝土砌块(B06 级)	陶粒混凝土复合砌块
传热系数 K	0.60	0.49	0.45	0.44
热阻 R_0	1.659	2.050	2.234	2.271
热惰性指标 D	4.10	4.96	5.47	5.18
省标公建 4.2.1 条文的要求	甲类 $K\leqslant0.7$			
	乙类 $K\leqslant1.0$			
	丙类 $K\leqslant1.5$			

外墙外保温——240mm钢筋混凝土+60mm保温棉　　表 3-38

各层材料名称	厚度	导热系数	修正系数	修正后导热系数	蓄热系数	修正后蓄热系数	热阻值	热惰性指标
幕墙	0	—	—	—	—	—	—	—
防水层	0	—	—	—	—	—	—	—
保温棉	60	0.048	1.3	0.062	0.653	0.849	0.962	0.816
空气间层(100mm)	100	0.556	1.0	0.556	1.690	1.690	0.180	0.304
钢筋混凝土墙体	240	1.740	1.0	1.740	17.200	17.200	0.138	2.372
混合砂浆	20	0.870	1.0	0.870	10.750	10.750	0.023	0.247
合计	420	—	—	—	—	—	1.302	3.74
墙主体传热阻 [(m^2·K)/W]	$R_0=R_i+\Sigma R+R_e$ $=1.452$				注：R_i取 0.11，R_e取 0.04			
墙主体传热系数 [W/(m^2·K)]	$K=1/R_0=0.69$							

保温材料厚度不变，砌体更换时，外墙热工参数如下(砌体厚度不变)

砌体材料	非黏多孔砖	砂加气混凝土砌块(B07级)	砂加气混凝土砌块(B06级)	陶粒混凝土复合砌块
传热系数 K	0.58	0.46	0.41	0.41
热阻 R_0	1.728	2.197	2.417	2.463
热惰性指标 D	4.64	5.68	6.29	5.94
省标公建 4.2.1 条文的要求	甲类 $K\leqslant0.7$			
	乙类 $K\leqslant1.0$			
	丙类 $K\leqslant1.5$			

3.4.2 公建：地下室外墙

地下室外墙外保温——300mm 钢筋混凝土+35mm 挤塑聚苯板　表 3-39

各层材料名称	厚度	导热系数	修正系数	修正后导热系数	蓄热系数	修正后蓄热系数	热阻值	热惰性指标
回填土	0	—	—	—	—	—	—	—
挤塑聚苯板	35	0.030	1.1	0.033	0.360	0.396	1.061	0.420
地下室防水层	0	—	—	—	—	—	—	—
水泥砂浆	20	0.930	1.0	0.930	11.370	11.370	0.022	0.245
钢筋混凝土墙体	300	1.740	1.0	1.740	17.200	17.200	0.172	2.966
混合砂浆	20	0.870	1.0	0.870	10.750	10.750	0.023	0.247
合计	375	—	—	—	—	—	1.278	3.88
墙主体热阻[$(m^2 \cdot K)/W$]	$R=\Sigma R=1.278$							

省标公建 4.1.12 条文的要求：建筑物地下室外墙自室外自然地坪下 0.8m 内，热阻 R 不应小于 1.2$m^2 \cdot K/W$

地下室外墙外保温：300mm 钢筋混凝土+55mm 膨胀聚苯板　表 3-40

各层材料名称	厚度	导热系数	修正系数	修正后导热系数	蓄热系数	修正后蓄热系数	热阻值	热惰性指标
回填土	0	—	—	—	—	—	—	—
膨胀聚苯板	55	0.041	1.3	0.053	0.290	0.377	1.032	0.389
地下室防水层	0	—	—	—	—	—	—	—
水泥砂浆	20	0.930	1.0	0.930	11.370	11.370	0.022	0.245
钢筋混凝土墙体	300	1.740	1.0	1.740	17.200	17.200	0.172	2.966
混合砂浆	20	0.870	1.0	0.870	10.750	10.750	0.023	0.247
合计	395	—	—	—	—	—	1.249	3.85
墙主体热阻[$(m^2 \cdot K)/W$]	$R=\Sigma R=1.249$							

省标 4.1.12 条文的要求：建筑物地下室外墙自室外自然地坪下 0.8m 内，热阻 R 不应小于 1.2$m^2 \cdot K/W$

3.5 常用材料变更比较

常用围护结构热工性能比较　　　　表 3-41

材料名称	导热系数	修正系数	钢筋混凝土	非黏多孔砖	加气混凝土砌块（B07 级）	加气混凝土砌块（B06 级）	陶粒混凝土复合砌块
钢筋混凝土墙	1.74	1.0	—	33.33%	15.63%	12.51%	13.79%
非黏多孔砖	0.58	1.0	300.00%	—	46.90%	37.52%	36.03%
砂加气混凝土砌块(B07 级)	0.20	1.36	639.71%	213.24%	—	80.00%	76.84%
砂加气混凝土砌块(B06 级)	0.16	1.36	799.63%	266.54%	125.00%	—	96.05%
陶粒混凝土复合砌块	0.19	1.1	832.54%	277.51%	130.14%	104.11%	—

相同厚度下，常用保温材料热工性能比较　　　　表 3-42

材料名称	导热系数	修正系数	无机保温砂浆Ⅰ型	无机保温砂浆Ⅱ型	保温棉	胶粉聚苯颗粒	膨胀聚苯板
无机保温砂浆Ⅰ型	0.07	1.25		1214.29%	71.31%	82.29%	60.91%
无机保温砂浆Ⅱ型	0.85	1.25	8.24%	—	5.87%	6.78%	5.02%
保温棉	0.048	1.3	140.22%	1702.72%	—	115.38%	85.42%
胶粉聚苯颗粒	0.060	1.2	121.53%	1475.69%	86.67%	—	74.03%
膨胀聚苯板	0.041	1.3	164.17%	1993.43%	117.07%	135.08%	—
挤塑聚苯板	0.030	1.1	265.15%	挤塑聚苯板通常仅在地下室外墙使用，故不与其他保温材料做详细比较			

相同热工性能下，与无机保温砂浆Ⅰ型厚度换算（mm）　　表 3-43

无机保温砂浆Ⅰ型	15	20	25	30	35	40	50	60
无机保温砂浆Ⅱ型	19	25	31	37	43	49	61	73
保温棉	11	15	18	22	25	29	36	43
聚氨酯泡沫塑料	6	8	10	12	13	15	19	23
胶粉聚苯颗粒	13	17	21	25	29	33	42	50
膨胀聚苯板	10	13	16	19	22	25	31	37

相同热工性能下，与无机保温砂浆Ⅱ型厚度换算（mm）　　表 3-44

无机保温砂浆Ⅱ型	15	20	25	30	35	40	50	60
无机保温砂浆Ⅰ型	13	17	21	25	29	33	42	50
保温棉	9	12	15	18	21	24	30	36
聚氨酯泡沫塑料	5	7	8	10	11	13	16	19
胶粉聚苯颗粒	11	14	17	21	24	28	34	41
膨胀聚苯板	8	11	13	16	18	21	26	31

相同热工性能下，与保温棉厚度换算（mm）　　表 3-45

保温棉	15	20	25	30	35	40	50	60
无机保温砂浆Ⅰ型	22	29	36	43	50	57	71	85
无机保温砂浆Ⅱ型	26	35	43	—	—	—	—	—
聚氨酯泡沫塑料	8	11	13	16	19	21	26	32
胶粉聚苯颗粒	18	24	29	35	41	47	58	70
膨胀聚苯板	13	18	22	26	30	35	43	52

相同热工性能下，与聚氨酯泡沫塑料厚度换算（mm）　　表 3-46

聚氨酯泡沫塑料	15	20	25	30	35	40	50	60
无机保温砂浆Ⅰ型	41	55	68	82	—	—	—	—
无机保温砂浆Ⅱ型	50	66	82	—	—	—	—	—
保温棉	29	39	49	58	68	78	97	116
胶粉聚苯颗粒	34	45	56	67	78	89	112	134
膨胀聚苯板	25	33	42	50	58	66	83	99

相同热工性能下，与胶粉聚苯颗粒厚度换算（mm）　　表 3-47

胶粉聚苯颗粒	15	20	25	30	35	40	50	60
无机保温砂浆Ⅰ型	19	25	31	37	43	49	61	73
无机保温砂浆Ⅱ型	23	30	37	45	—	—	—	—
保温棉	13	18	22	26	31	35	44	52
聚氨酯泡沫塑料	7	9	12	14	16	18	23	27
膨胀聚苯板	12	15	19	23	26	30	38	45

相同热工性能下，与膨胀聚苯板厚度换算（mm）　　表 3-48

膨胀聚苯板	15	20	25	30	35	40	50	60
无机保温砂浆Ⅰ型	25	33	42	50	58	66	—	—
无机保温砂浆Ⅱ型	30	40	50	—	—	—	—	—
保温棉	18	24	30	36	41	47	59	71
聚氨酯泡沫塑料	10	13	16	19	22	25	31	37
胶粉聚苯颗粒	21	28	34	41	48	55	68	82

3.6 其他材料变更比较与做法

3.6.1 其他材料变更比较

其他外墙保温材料主要计算参数　　表 3-49

材料名称	引用规范	导热系数	修正系数	相同厚度下，与无机保温砂浆Ⅰ型热工性能比较
保温膏料 B—1	《PNY 无机保温系统应用技术规程》Q/NWOL 1—2011	0.060	1.2	121.53％
无机活性保温材料	国家建筑标准设计图集《YT 无机活性保温材料系统建筑构造》13CJ37	0.055	1.2	132.58％

其他外墙围护结构材料主要计算参数　　表 3-50

材料名称	引用规范	导热系数	修正系数	相同厚度下，与多孔砖热工性能比较
特拉砖	建筑标准设计图集《特拉砖(烧结页岩空心砌块)墙体构造》	0.98(240 厚)	1.0	59.18%
		1.20(190 厚)		48.33%

相同厚度下，保温材料热工性能比较　　表 3-51

材料名称	导热系数	修正系数	无机保温砂浆Ⅰ型	无机保温砂浆Ⅱ型	保温棉	胶粉聚苯颗粒	膨胀聚苯板
保温膏料 B—1	0.06	1.2	121.53%	147.57%	86.67%	45.00%	100.00%
无机活性保温材料	0.055	1.2	132.58%	160.98%	94.55%	49.09%	109.09%

相同热工性能下，与无机保温砂浆Ⅰ型厚度换算（mm）　　表 3-52

无机保温砂浆Ⅰ型	15	20	25	30	35	40	50	60
保温膏料 B—1	13	17	21	25	29	33	42	50
无机活性保温材料	12	16	19	23	27	31	38	46

相同热工性能下，与无机保温砂浆Ⅱ型厚度换算（mm）　　表 3-53

无机保温砂浆Ⅱ型	15	20	25	30	35	40	50	60
保温膏料 B—1	11	14	17	21	24	28	34	41
无机活性保温材料	10	13	16	19	22	25	32	38

相同热工性能下，与保温棉厚度换算（mm） 表 3-54

保温棉	15	20	25	30	35	40	50	60
保温膏料 B—1	18	24	29	35	41	47	—	—
无机活性保温材料	17	22	28	33	39	44	—	—

相同热工性能下，与聚氨酯泡沫塑料厚度换算（mm） 表 3-55

聚氨酯泡沫塑料	15	20	25	30	35	40	50	60
保温膏料 B—1	34	45	—	—	—	—	—	—
无机活性保温材料	31	41	—	—	—	—	—	—

相同热工性能下，与胶粉聚苯颗粒厚度换算（mm） 表 3-56

胶粉聚苯颗粒	15	20	25	30	35	40	50	60
保温膏料 B—1	15	20	25	30	35	40	50	—
无机活性保温材料	14	19	23	28	33	36	46	—

相同热工性能下，与膨胀聚苯板厚度换算（mm） 表 3-57

膨胀聚苯板	15	20	25	30	35	40	50	60
保温膏料 B—1	21	28	34	41	48	—	—	—
无机活性保温材料	19	25	31	38	44	50	—	—

3.6.2 其他材料做法

外墙内保温——200mm 钢筋混凝土+30mm 保温膏料 B—1 **表 3-58**

各层材料名称	厚度	导热系数	修正系数	修正后导热系数	蓄热系数	修正后蓄热系数	热阻值	热惰性指标
外墙饰面	0	—	—	—	—	—	—	—
混合砂浆	20	0.870	1.0	0.870	10.750	10.750	0.023	0.247
钢筋混凝土墙体	200	1.740	1.0	1.740	17.200	17.200	0.115	1.977
界面剂	0	—	—	—	—	—	—	—
保温膏料 B—1	30	0.060	1.2	0.072	1.230	1.476	0.417	0.615
抗裂砂浆(网格布)	5	0.930	1.0	0.930	11.311	11.311	0.005	0.061
合计	255	—	—	—	—	—	0.560	2.90
墙主体传热阻 [(m²·K)/W]		$R_0=R_i+\Sigma R+R_e$ $=0.710$				注：R_i 取 0.11，R_e 取 0.04		
墙主体传热系数 [W/(m²·K)]		$K=1/R_0=1.41$						

保温材料厚度不变，砌体更换时，外墙热工参数如下(砌体厚度不变)

砌体材料	非黏多孔砖	砂加气混凝土砌块(B07 级)	砂加气混凝土砌块(B06 级)	陶粒混凝土复合砌块
传热系数 K	1.06	0.75	0.66	0.64
热阻 R_0	0.940	1.330	1.514	1.552
热惰性指标 D	3.65	4.51	5.02	4.73
国标居建 4.0.4 条的要求	体形系数≤0.40		$D\leqslant2.5$	$K\leqslant1.0$
			$D>2.5$	$K\leqslant1.5$
	体形系数>0.40		$D\leqslant2.5$	$K\leqslant0.8$
			$D>2.5$	$K\leqslant1.0$

外墙内保温——240mm钢筋混凝土＋30mm保温膏料B—1 **表3-59**

各层材料名称	厚度	导热系数	修正系数	修正后导热系数	蓄热系数	修正后蓄热系数	热阻值	热惰性指标
外墙饰面	0	—	—	—	—	—	—	—
混合砂浆	20	0.870	1.0	0.870	10.750	10.750	0.023	0.247
钢筋混凝土墙体	240	1.740	1.0	1.740	17.200	17.200	0.138	2.372
界面剂	0	—	—	—	—	—	—	—
保温膏料B—1	30	0.060	1.2	0.072	1.230	1.476	0.417	0.615
抗裂砂浆(网格布)	5	0.930	1.0	0.930	11.311	11.311	0.005	0.061
合计	295	—	—	—	—	—	0.583	3.30
墙主体传热阻[$(m^2 \cdot K)/W$]		$R_0=R_i+\Sigma R+R_e$ $=0.733$				注：R_i取0.11，R_e取0.04		
墙主体传热系数[$W/(m^2 \cdot K)$]		$K=1/R_0=1.36$						

保温材料厚度不变，砌体更换时，外墙热工参数如下(砌体厚度不变)

砌体材料	非黏多孔砖	砂加气混凝土砌块(B07级)	砂加气混凝土砌块(B06级)	陶粒混凝土复合砌块
传热系数K	0.99	0.68	0.59	0.57
热阻R_0	1.009	1.477	1.698	1.743
热惰性指标D	4.20	5.23	5.84	5.49
国标居建4.0.4条的要求	体形系数≤0.40		$D\leqslant2.5$	$K\leqslant1.0$
			$D>2.5$	$K\leqslant1.5$
	体形系数>0.40		$D\leqslant2.5$	$K\leqslant0.8$
			$D>2.5$	$K\leqslant1.0$

外墙内保温——200mm 多孔砖+15mm 保温膏料 B-1　　表 3-60

各层材料名称	厚度	导热系数	修正系数	修正后导热系数	蓄热系数	修正后蓄热系数	热阻值	热惰性指标
外墙饰面	0	—	—	—	—	—	—	—
混合砂浆	20	0.870	1.0	0.870	10.750	10.750	0.023	0.247
非黏多孔砖	200	0.580	1.0	0.580	7.920	7.920	0.345	2.731
界面剂	0	—	—	—	—	—	—	—
保温膏料 B-1	15	0.060	1.2	0.072	1.230	1.476	0.208	0.308
抗裂砂浆(网格布)	5	0.930	1.0	0.930	11.311	11.311	0.005	0.061
合计	240	—	—	—	—	—	0.582	3.35
墙主体传热阻[$(m^2 \cdot K)/W$]		$R_o=R_i+\sum R+R_e=0.732$				注：R_i 取 0.11，R_e 取 0.04		
墙主体传热系数[$W/(m^2 \cdot K)$]		$K=1/R_o=1.366$						

保温材料厚度不变，砌体更换时，外墙热工参数如下(砌体厚度不变)

砌体材料	钢筋混凝土墙体	砂加气混凝土砌块(B07 级)	砂加气混凝土砌块(B06 级)	陶粒混凝土复合砌块
传热系数 K	1.99	0.89	0.77	0.74
热阻 R_o	0.502	1.122	1.306	1.344
热惰性指标 D	2.59	4.21	4.72	4.42
国标居建 4.0.4 条的要求	体形系数≤0.40		$D\leqslant 2.5$	$K\leqslant 1.0$
			$D>2.5$	$K\leqslant 1.5$
	体形系数>0.40		$D\leqslant 2.5$	$K\leqslant 0.8$
			$D>2.5$	$K\leqslant 1.0$

外墙内保温——240mm 多孔砖＋15mm 保温膏料 B-1　　　　表 3-61

各层材料名称	厚度	导热系数	修正系数	修正后导热系数	蓄热系数	修正后蓄热系数	热阻值	热惰性指标
外墙饰面	0	—	—	—	—	—	—	—
混合砂浆	20	0.870	1.0	0.870	10.750	10.750	0.023	0.247
非黏多孔砖	240	0.580	1.0	0.580	7.920	7.920	0.414	3.277
界面剂	0	—	—	—	—	—	—	—
保温膏料 B-1	10	0.060	1.2	0.072	1.230	1.476	0.139	0.205
抗裂砂浆(网格布)	5	0.930	1.0	0.930	11.311	11.311	0.005	0.061
合计	275	—	—	—	—	—	0.581	3.79
墙主体传热阻［(m²·K)/W］	$R_o=R_i+\sum R+R_e=0.731$				注：R_i 取 0.11，R_e 取 0.04			
墙主体传热系数［W/(m²·K)］	$K=1/R_o=1.368$							

保温材料厚度不变，砌体更换时，外墙热工参数如下(砌体厚度不变)

砌体材料	钢筋混凝土墙体	砂加气混凝土砌块(B07 级)	砂加气混凝土砌块(B06 级)	陶粒混凝土复合砌块
传热系数 K	2.20	0.83	0.70	0.68
热阻 R_o	0.455	1.200	1.42	1.466
热惰性指标 D	2.89	4.82	5.43	5.08
国标居建 4.0.4 条的要求	体形系数≤0.40		$D\leqslant 2.5$	$K\leqslant 1.0$
			$D>2.5$	$K\leqslant 1.5$
	体形系数>0.40		$D\leqslant 2.5$	$K\leqslant 0.8$
			$D>2.5$	$K\leqslant 1.0$

外墙内外保温——200mm钢筋混凝土＋40mm无机保温砂浆Ⅰ型＋20mm保温膏料B-1　　表3-62

	厚度	导热系数	修正系数	修正后导热系数	蓄热系数	修正后蓄热系数	热阻值	热惰性指标
外墙饰面	0	—	—	—	—	—	—	—
抗裂砂浆(网格布)	5	0.930	1.0	0.930	11.311	11.311	0.005	0.061
无机保温砂浆Ⅰ型	40	0.070	1.25	0.088	1.200	1.500	0.457	0.686
界面剂	0	—	—	—	—	—	—	—
钢筋混凝土墙体	200	1.740	1.0	1.740	17.200	17.200	0.115	1.977
界面剂	0	—	—	—	—	—	—	—
保温膏料B-1	20	0.060	1.2	0.072	1.230	1.476	0.278	0.410
抗裂砂浆(网格布)	5	0.930	1.0	0.930	11.311	11.311	0.005	0.061
合计	270	—	—	—	—	—	0.861	3.19
墙主体传热阻[(m²·K)/W]		$R_o=R_i+\sum R+R_e=1.011$				注：R_i取0.11，R_e取0.04		
墙主体传热系数[W/(m²·K)]		$K=1/R_o=0.989$						

保温材料厚度不变，砌体更换时，外墙热工参数如下(砌体厚度不变)

砌体材料	非黏多孔砖	砂加气混凝土砌块(B07级)	砂加气混凝土砌块(B06级)	陶粒混凝土复合砌块
传热系数K	0.81	0.61	0.55	0.54
热阻R_o	1.241	1.631	1.815	1.853
热惰性指标D	3.95	4.81	5.32	5.03
国标居建4.0.4条的要求	体形系数≤0.40		$D\leqslant 2.5$	$K\leqslant 1.0$
			$D>2.5$	$K\leqslant 1.5$
	体形系数>0.40		$D\leqslant 2.5$	$K\leqslant 0.8$
			$D>2.5$	$K\leqslant 1.0$
省标公建4.2.1条文的要求	甲类$K\leqslant 0.7$，乙类$K\leqslant 1.0$，丙类$K\leqslant 1.5$			

外墙内外保温——240mm钢筋混凝土+40mm无机保温砂浆Ⅰ型+20mm保温膏料B-1　　表3-63

各层材料名称	厚度	导热系数	修正系数	修正后导热系数	蓄热系数	修正后蓄热系数	热阻值	热惰性指标
外墙饰面	0	—	—	—	—	—	—	—
抗裂砂浆(网格布)	5	0.930	1.0	0.930	11.311	11.311	0.005	0.061
无机保温砂浆Ⅰ型	40	0.070	1.25	0.088	1.200	1.500	0.457	0.686
界面剂	0	—	—	—	—	—	—	—
钢筋混凝土墙体	240	1.740	1.0	1.740	17.200	17.200	0.138	2.372
界面剂	0	—	—	—	—	—	—	—
保温膏料B-1	20	0.060	1.2	0.072	1.230	1.476	0.278	0.410
抗裂砂浆(网格布)	5	0.930	1.0	0.930	11.311	11.311	0.005	0.061
合计	310	—	—	—	—	—	0.884	3.59
墙主体传热阻[$(m^2 \cdot K)/W$]	$R_o=R_i+\sum R+R_e=1.034$				注：R_i 取0.11，R_e 取0.04			
墙主体传热系数[$W/(m^2 \cdot K)$]	$K=1/R_o=0.967$							

保温材料厚度不变，砌体更换时，外墙热工参数如下(砌体厚度不变)

砌体材料	非黏多孔砖	砂加气混凝土砌块(B07级)	砂加气混凝土砌块(B06级)	陶粒混凝土复合砌块
传热系数 K	0.76	0.56	0.50	0.49
热阻 R_o	1.309	1.778	1.999	2.044
热惰性指标 D	4.49	5.53	6.14	5.79
国标居建4.0.4条的要求	体形系数≤0.40		$D\leqslant2.5$	$K\leqslant1.0$
			$D>2.5$	$K\leqslant1.5$
	体形系数>0.40		$D\leqslant2.5$	$K\leqslant0.8$
			$D>2.5$	$K\leqslant1.0$
省标公建4.2.1条文的要求	甲类 $K\leqslant0.7$，乙类 $K\leqslant1.0$，丙类 $K\leqslant1.5$			

外墙内外保温——200mm 多孔砖+30mm 无机保温砂浆Ⅰ型+15mm 保温膏料 B-1 表 3-64

各层材料名称	厚度	导热系数	修正系数	修正后导热系数	蓄热系数	修正后蓄热系数	热阻值	热惰性指标
外墙饰面	0	—	—	—	—	—	—	—
抗裂砂浆(网格布)	5	0.930	1.0	0.930	11.311	11.311	0.005	0.061
无机保温砂浆Ⅰ型	30	0.070	1.25	0.088	1.200	1.500	0.343	0.514
界面剂	0	—	—	—	—	—	—	—
非黏多孔砖	200	0.580	1.0	0.580	7.920	7.920	0.345	2.731
界面剂	0	—	—	—	—	—	—	—
保温膏料 B-1	15	0.060	1.2	0.072	1.230	1.476	0.208	0.308
抗裂砂浆(网格布)	5	0.930	1.0	0.930	11.311	11.311	0.005	0.061
合计	255	—	—	—	—	—	0.907	3.67
墙主体传热阻[$(m^2\cdot K)/W$]		$R_o=R_i+\sum R+R_e=1.057$				注：R_i 取 0.11，R_e 取 0.04		
墙主体传热系数[$W/(m^2\cdot K)$]		$K=1/R_o=0.95$						

保温材料厚度不变，砌体更换时，外墙热工参数如下(砌体厚度不变)

砌体材料	钢筋混凝土	砂加气混凝土砌块(B07 级)	砂加气混凝土砌块(B06 级)	陶粒混凝土复合砌块
传热系数 K	1.21	0.69	0.61	0.60
热阻 R_o	0.827	1.447	1.631	1.669
热惰性指标 D	2.92	4.53	5.04	4.75
国标居建 4.0.4 条的要求	体形系数≤0.40		$D\leqslant2.5$	$K\leqslant1.0$
			$D>2.5$	$K\leqslant1.5$
	体形系数>0.40		$D\leqslant2.5$	$K\leqslant0.8$
			$D>2.5$	$K\leqslant1.0$
省标公建 4.2.1 条文的要求	甲类 $K\leqslant0.7$，乙类 $K\leqslant1.0$，丙类 $K\leqslant1.5$			

外墙内外保温——240mm 多孔砖＋30mm 无机保温砂浆Ⅰ型＋10mm 保温膏料 B-1　　表 3-65

各层材料名称	厚度	导热系数	修正系数	修正后导热系数	蓄热系数	修正后蓄热系数	热阻值	热惰性指标
外墙饰面	0	—	—	—	—	—	—	—
抗裂砂浆(网格布)	5	0.930	1.0	0.930	11.311	11.311	0.005	0.061
无机保温砂浆Ⅰ型	30	0.070	1.25	0.088	1.200	1.500	0.343	0.514
界面剂	0	—	—	—	—	—	—	—
非黏多孔砖	240	0.580	1.0	0.580	7.920	7.920	0.414	3.277
界面剂	0	—	—	—	—	—	—	—
保温膏料 B-1	10	0.060	1.2	0.072	1.230	1.476	0.139	0.205
抗裂砂浆(网格布)	5	0.930	1.0	0.930	11.311	11.311	0.005	0.061
合计	290	—	—	—	—	—	0.906	4.12
墙主体传热阻[$(m^2 \cdot K)/W$]		$R_o=R_i+\sum R+R_e=1.056$				注：R_i 取 0.11，R_e 取 0.04		
墙主体传热系数[$W/(m^2 \cdot K)$]		$K=1/R_o=0.95$						

保温材料厚度不变，砌体更换时，外墙热工参数如下(砌体厚度不变)

砌体材料	钢筋混凝土	砂加气混凝土砌块(B07 级)	砂加气混凝土砌块(B06 级)	陶粒混凝土复合砌块
传热系数 K	1.28	0.66	0.57	0.56
热阻 R_o	0.780	1.525	1.745	1.791
热惰性指标 D	3.21	5.15	5.76	5.41
国标居建 4.0.4 条的要求	体形系数≤0.40		$D\leqslant2.5$	$K\leqslant1.0$
			$D>2.5$	$K\leqslant1.5$
	体形系数>0.40		$D\leqslant2.5$	$K\leqslant0.8$
			$D>2.5$	$K\leqslant1.0$
省标公建 4.2.1 条文的要求	甲类 $K\leqslant0.7$，乙类 $K\leqslant1.0$，丙类 $K\leqslant1.5$			

外墙内外保温——200mm 多孔砖+45mm 无机保温砂浆Ⅰ型+30mm 保温膏料 B-1　　表 3-66

各层材料名称	厚度	导热系数	修正系数	修正后导热系数	蓄热系数	修正后蓄热系数	热阻值	热惰性指标
外墙饰面	0	—	—	—	—	—	—	—
抗裂砂浆(网格布)	5	0.930	1.0	0.930	11.311	11.311	0.005	0.061
无机保温砂浆Ⅰ型	45	0.070	1.25	0.088	1.200	1.500	0.514	0.771
界面剂	0	—	—	—	—	—	—	—
非黏多孔砖	200	0.580	1.0	0.580	7.920	7.920	0.345	2.731
界面剂	0	—	—	—	—	—	—	—
保温膏料 B-1	30	0.060	1.2	0.072	1.230	1.476	0.417	0.615
抗裂砂浆(网格布)	5	0.930	1.0	0.930	11.311	11.311	0.005	0.061
合计	285	—	—	—	—	—	1.287	4.24
墙主体传热阻[(m^2·K)/W]		$R_o=R_i+\sum R+R_e=1.437$				注：R_i 取 0.11，R_e 取 0.04		
墙主体传热系数[W/(m^2·K)]		$K=1/R_o=0.70$						

保温材料厚度不变，砌体更换时，外墙热工参数如下(砌体厚度不变)

砌体材料	钢筋混凝土	砂加气混凝土砌块(B07 级)	砂加气混凝土砌块(B06 级)	陶粒混凝土复合砌块
传热系数 K	0.83	0.55	0.50	0.49
热阻 R_o	1.207	1.827	2.011	2.049
热惰性指标 D	3.49	5.10	5.61	5.32
国标居建 4.0.4 条的要求	体形系数≤0.40		$D\leqslant2.5$	$K\leqslant1.0$
			$D>2.5$	$K\leqslant1.5$
	体形系数>0.40		$D\leqslant2.5$	$K\leqslant0.8$
			$D>2.5$	$K\leqslant1.0$
省标公建 4.2.1 条文的要求	甲类 $K\leqslant0.7$，乙类 $K\leqslant1.0$，丙类 $K\leqslant1.5$			

外墙内外保温——240mm多孔砖＋40mm无机保温砂浆Ⅰ型＋30mm保温膏料B-1 表3-67

各层材料名称	厚度	导热系数	修正系数	修正后导热系数	蓄热系数	修正后蓄热系数	热阻值	热惰性指标
外墙饰面	0	—	—	—	—	—	—	—
抗裂砂浆(网格布)	5	0.930	1.0	0.930	11.311	11.311	0.005	0.061
无机保温砂浆Ⅰ型	40	0.070	1.25	0.088	1.200	1.500	0.457	0.686
界面剂	0	—	—	—	—	—	—	—
非黏多孔砖	240	0.580	1.0	0.580	7.920	7.920	0.414	3.277
界面剂	0	—	—	—	—	—	—	—
保温膏料B-1	30	0.060	1.2	0.072	1.230	1.476	0.417	0.615
抗裂砂浆(网格布)	5	0.930	1.0	0.930	11.311	11.311	0.005	0.061
合计	320	—	—	—	—	—	1.298	4.70
墙主体传热阻[(m²·K)/W]	$R_o=R_i+\sum R+R_e=1.448$				注：R_i取0.11，R_e取0.04			
墙主体传热系数[W/(m²·K)]	$K=1/R_o=0.69$							

保温材料厚度不变，砌体更换时，外墙热工参数如下(砌体厚度不变)

砌体材料	钢筋混凝土	砂加气混凝土砌块(B07级)	砂加气混凝土砌块(B06级)	陶粒混凝土复合砌块
传热系数K	0.85	0.52	0.47	0.46
热阻R_o	1.172	1.917	2.138	2.183
热惰性指标D	3.79	5.73	6.34	5.99
国标居建4.0.4条的要求	体形系数≤0.40		$D\leqslant2.5$	$K\leqslant1.0$
			$D>2.5$	$K\leqslant1.5$
	体形系数>0.40		$D\leqslant2.5$	$K\leqslant0.8$
			$D>2.5$	$K\leqslant1.0$
省标公建4.2.1条文的要求	甲类$K\leqslant0.7$，乙类$K\leqslant1.0$，丙类$K\leqslant1.5$			

3.7 外墙节能设计防火要求

公通字[2009]46 第二章第四条非幕墙式建筑规定与解读　　表 3-68

<table>
<tr><th colspan="2">非幕墙式建筑应符合下列规定</th><th>对应材料与做法</th></tr>
<tr><td rowspan="4">住宅建筑规定</td><td>1. 高度大于等于 100m 的建筑，其保温材料的燃烧性能应为 A 级</td><td rowspan="9">常见燃烧性能应为 A 级的外墙保温材料：无机轻集料保温砂浆、保温棉（矿棉，岩棉，玻璃棉板、毡）、泡沫玻璃；
常见燃烧性能应为 B1 级的外墙保温材料：阻燃型膨胀聚苯板、胶粉聚苯颗粒保温浆料、阻燃型聚氨酯；
常见水平防火隔离带材料：无机轻集料保温砂浆；
常见不燃材料防护层：抗裂砂浆；
常见防火封堵材料：保温棉(矿棉，岩棉，玻璃棉毡)</td></tr>
<tr><td>2. 高度大于等于 60m 小于 100m 的建筑，其保温材料的燃烧性能不应低于 B2 级。当采用 B2 级保温材料时，每层应设置水平防火隔离带</td></tr>
<tr><td>3. 高度大于等于 24m 小于 60m 的建筑，其保温材料的燃烧性能不应低于 B2 级。当采用 B2 级保温材料时，每两层应设置水平防火隔离带</td></tr>
<tr><td>4. 高度小于 24m 的建筑，其保温材料的燃烧性能不应低于 B2 级。其中，当采用 B2 级保温材料时，每三层应设置水平防火隔离带</td></tr>
<tr><td rowspan="3">其他民用建筑规定</td><td>1. 高度大于等于 50m 的建筑，其保温材料的燃烧性能应为 A 级</td></tr>
<tr><td>2. 高度大于等于 24m 小于 50m 的建筑，其保温材料的燃烧性能应为 A 级或 B1 级。其中，当采用 B1 级保温材料时，每两层应设置水平防火隔离带</td></tr>
<tr><td>3. 高度小于 24m 的建筑，其保温材料的燃烧性能不应低于 B2 级。其中，当采用 B2 级保温材料时，每层应设置水平防火隔离带</td></tr>
<tr><td colspan="2">外保温系统应采用不燃或难燃材料作防护层。防护层应将保温材料完全覆盖。首层的防护层厚度不应小于 6mm，其他层不应小于 3mm</td></tr>
<tr><td colspan="2">采用外墙外保温系统的建筑，其基层墙体耐火极限应符合现行防火规范的有关规定</td></tr>
</table>

公通字［2009］46 第二章第五条幕墙式建筑规定与解读　　表 3-69

<table>
<tr><th>幕墙式建筑应符合下列规定</th><th>对应材料与做法</th></tr>
<tr><td>（一）建筑高度大于等于 24m 时，保温材料的燃烧性能应为 A 级</td><td rowspan="5">常见燃烧性能应为 A 级的幕墙式建筑外墙保温材料：无机轻集料保温砂浆、保温棉（矿棉，岩棉，玻璃棉板、毡）、泡沫玻璃；
常见燃烧性能应为 B1 级的幕墙式建筑外墙保温材料：阻燃型膨胀聚苯板、胶粉聚苯颗粒保温浆料、阻燃型聚氨酯；
常见水平防火隔离带材料：无机轻集料保温砂浆；
常见不燃材料防护层：抗裂砂浆；
常见防火封堵材料：保温棉（矿棉，岩棉，玻璃棉毡）</td></tr>
<tr><td>（二）建筑高度小于 24m 时，保温材料的燃烧性能应为 A 级或 B1 级。其中，当采用 B1 级保温材料时，每层应设置水平防火隔离带</td></tr>
<tr><td>（三）保温材料应采用不燃材料作防护层。防护层应将保温材料完全覆盖。防护层厚度不应小于 3mm</td></tr>
<tr><td>（四）采用金属、石材等非透明幕墙结构的建筑，应设置基层墙体，其耐火极限应符合现行防火规范关于外墙耐火极限的有关规定；玻璃幕墙的窗间墙、窗槛墙、裙墙的耐火极限和防火构造应符合现行防火规范关于建筑幕墙的有关规定</td></tr>
<tr><td>（五）基层墙体内部空腔及建筑幕墙与基层墙体、窗间墙、窗槛墙及裙墙之间的空间，应在每层楼板处采用防火封堵材料封堵</td></tr>
<tr><td colspan="2">备注：保温棉品种较多，具体参数详见附录 C</td></tr>
</table>

《建筑外墙外保温防火隔离带技术规程》

JGJ 289—2012 的条文规定　　表 3-70

燃烧性能等级	宽　度	厚　度
应为 A 级	不应小于 300mm	宜与外墙外保温系统厚度相同

3.8 外墙节能设计防水要求

《建筑外墙防水工程技术规程》JGJ/T 235—2011 的条文规定　表 3-71

防水层要求	采用涂料或块材饰面时	防水层可采用聚合物水泥防水砂浆或普通防水砂浆
	采用幕墙饰面时	设在找平层上的防水层宜采用聚合物水泥防水砂浆、普通防水砂浆、聚合物水泥防水涂料、聚合物乳液防水涂料或聚氨酯防水涂料
	当外墙保温层选用矿物棉保温材料时	防水层宜采用防水透气膜

3.9 注意措施

相关参考文件　表 3-72

构造	国家建筑标准设计图集	《砖墙建筑构造》04J101； 《墙体节能建筑构造》06J123； 《公共建筑节能构造（夏热冬冷和夏热冬暖地区）》06J908—2； 《既有建筑节能改造（一）》06J908—7； 《外墙外保温建筑构造》10J121； 《外墙内保温建筑构造》11J122； 《夹心保温墙建筑构造》07J107
	浙江省建筑标准设计图集	《围护结构保温构造详图（一）（ZL 保温系统）》2005 浙 J45； 《外墙外保温构造详图（一）（无机轻集料聚合物保温砂浆系统）》2009 浙 J54； 《陶粒混凝土砌块墙体建筑构造》2010 浙 J60

续表

标准	中华人民共和国国家标准	《建筑幕墙》GB/T 21086—2007
	中华人民共和国行业标准	《外墙外保温技术规程》JGJ 144—2004； 《外墙内保温工程技术规程》JGJ/T 261—2011； 《建筑外墙防水工程技术规程》JGJ/T 235—2011； 《建筑外墙外保温防火隔离带技术规程》JGJ 289—2012
改造	中华人民共和国行业标准《既有居住建筑节能改造技术规程》JGJ/T 129—2012。 中华人民共和国行业标准《公共建筑节能改造技术规范》JGJ 176—2009	
建材	中华人民共和国国家标准《墙体材料应用统一技术规范》GB 50574—2010	
	陶粒混凝土	浙江省建筑标准设计图集《陶粒混凝土砌块墙体建筑构造》2010 浙 J60
	砂加气混凝土	中华人民共和国行业标准《蒸汽压砂加气混凝土砌块应用技术规程》JGJ/T 17—2008；浙江省工程建设标准《蒸压砂加气混凝土砌块应用技术规程》DB33/T 1022—2005
	无机轻集料保温砂浆	中华人民共和国行业标准《无机轻集料砂浆保温系统技术规程》JGJ 253—2011；浙江省工程建设标准《无机轻集料保温砂浆及系统技术规程》DB33/T 1054—2008
	胶粉聚苯颗粒	中华人民共和国建筑工业行业标准《胶粉聚苯颗粒外墙外保温系统》JG 158—2004
	YT 无机活性墙体保温材料	是新型无机类保温砂浆，燃烧性能等级为 A 级，同比国标无机保温砂浆Ⅰ型厚度仅为 76%左右，相关构造做法可参照国家建筑标准设计图集《YT 无机活性保温材料系统建筑构造》13CJ37
	TDF 防水保温材料	国家建筑标准设计图集《TDF 防水保温材料统建筑构造》11CJ29

续表

建材	ZL 轻质砂浆	国家建筑标准设计图集《ZL 轻质砂浆内外组合保温建筑构造》11CJ29
	聚苯乙烯（PS）	是一种热塑性树脂，由于其价格低廉且易加工成型，因此得以广泛应用。把 PS 做成高发泡制品，就是常见的 EPS 和 XPS。EPS 常指模塑成型的发泡 PS，而 XPS 常指挤出成型的发泡 PS，关联制品材料性能参数比较详见附录 B
	膨胀聚苯板	（塑模聚苯乙烯泡沫塑料 EPS）。中华人民共和国建筑工业行业标准《膨胀聚苯板薄抹灰外墙外保温系统》JG 149—2003、中华人民共和国国家标准《绝热用模塑聚苯乙烯泡沫塑料》GB/T 10801.1—2002、中华人民共和国建筑工业行业标准《现浇混凝土复合膨胀聚苯板外墙外保技术要求》JG/T 228—2007
	挤塑聚苯乙烯泡沫塑料	国家建筑标准设计图集《挤塑聚苯乙烯泡沫塑料板保温系统建筑构造》10CJ16、中华人民共和国建筑工业行业标准《绝热用挤塑聚苯乙烯泡沫塑料（XPS)》GB 10801.2—2002—T
	聚氨酯泡沫塑料	中华人民共和国国家标准《喷涂硬质聚氨酯泡沫塑料》GB/T 20219—2006/ISO 8873：1987、中华人民共和国国家标准《建筑绝热用硬质聚氨酯泡沫塑料》GB/T 21558—2008、中华人民共和国建材行业标准《喷涂聚氨酯硬泡体保温材料》JC/T 998—2006、中华人民共和国公共安全行业标准《软质阻燃聚氨酯泡沫塑料》GA 303—2001
	金属面岩棉、矿渣棉夹芯板	中华人民共和国建材行业标准《金属面岩棉、矿渣棉夹芯板》JC/T 869—2000
	酚醛泡沫制品	中华人民共和国国家标准《绝热用硬质酚醛泡沫制品》GB/T 20974—2007
	反射隔热涂料	中华人民共和国建筑工业行业标准《建筑反射隔热涂料》JGT 235—2008

续表

新能源	光伏	国家建筑标准设计图集《建筑太阳能光伏系统设计与安装》10J908—5
	光热	国家建筑标准设计图集《住宅太阳能热水系统选用与安装》11CJ32
特殊		1. 外墙的热传热系数 K 值和热惰性指标 D 值应考虑结构性热桥的影响，取平均传热系数和热惰性指标。 2. 外墙宜采用外保温、外隔热措施。当采取内保温时，应对热桥（冷桥）部位采取适宜的保温措施。 3. 外墙的外表面宜采用浅色，以减少外表面吸收的太阳辐射。 4. 对于多层混合结构、框架结构建筑，鼓励采用自保温系统外墙。 5. 聚氨酯作为外墙保温时，如果是以喷涂形式施工，则需要用胶粉聚苯颗粒进行外表面平整处理。 6. 中华人民共和国行业标准《外墙外保温技术规程》JGJ 144—2004 要求外墙外保温厚度需控制在 100mm 以内，而浙江省相关规定要求无机保温砂浆外保温厚度不宜大于 50mm。 7. 外墙隔热涂料对外墙热反射系数影响较大，对外墙传热系数影响较小，目前没有对应的国家行业标准。 8. 中华人民共和国国家标准《民用建筑设计通则》GB 50352—2005 条文 6.8.1～6 要求："机房为专用的房间，其围护结构应保温隔热。"

第4章 内隔墙节能设计

4.1 标准指标

住宅分户墙、楼梯间隔墙、外走廊隔墙节能设计相关要求　表4-1

		传热系数 K 要求
国标居建	分户墙	$K \leqslant 2.0$
	楼梯间隔墙	$K \leqslant 2.0$
	外走廊隔墙	$K \leqslant 2.0$
省标公建		无相关要求
国标农居		无相关要求

4.2 常用材料及主要计算参数

常用分户墙、楼梯间隔墙、外走廊等内隔墙节能构造材料　表4-2

基层墙体	1. 钢筋混凝土墙 2. 三排孔陶粒混凝土砌块 3. 砂加气混凝土砌块（B06级）
保温材料	1. 无机轻集料保温砂浆Ⅰ型 2. 无机轻集料保温砂浆Ⅱ型

建筑节能主要计算参数　表4-3

材料名称	引用规范	导热系数	修正系数	相同厚度下，相当于无机保温砂浆Ⅰ型热工性能百分比
无机保温砂浆Ⅰ型	中华人民共和国行业标准《无机轻集料砂浆保温系统技术规程》JGJ 253—2011	0.07	1.25	—
无机保温砂浆Ⅱ型		0.085	1.25	82.35%

续表

材料名称	引用规范	导热系数	修正系数	相同厚度下，相当于蒸压砂加气混凝土砌块B06级热工性能百分比
钢筋混凝土墙	浙江省标准《浙江省公共建筑节能设计标准》DB 33/1036—2007	1.74	1.0	12.51%
蒸压砂加气混凝土砌块B06级	浙江省工程建设标准《蒸压砂加气混凝土砌块应用技术规程》DB33/T 1022—2005	0.16	1.36	/
三排孔陶粒混凝土砌块	《陶粒混凝土砌块墙体建筑构造》2010浙J60	0.35	1.0	62.17 %

4.3 常见做法

4.3.1 200mm 内隔墙

10mm 无机保温砂浆Ⅰ型+200mm 钢筋混凝土+10mm 无机保温砂浆Ⅰ型 **表 4-4**

各层材料名称	厚度	导热系数	修正系数	修正后导热系数	蓄热系数	修正后蓄热系数	热阻值	热惰性指标
抗裂砂浆(网格布)	5	0.930	1.0	0.930	11.311	11.311	0.005	0.061
无机保温砂浆Ⅰ型	10	0.070	1.25	0.088	1.200	1.500	0.114	0.171
界面剂	0	—	—	—	—	—	—	—
钢筋混凝土墙体	200	1.740	1.0	1.740	17.200	17.200	0.115	1.977
界面剂	0	—	—	—	—	—	—	—
无机保温砂浆Ⅰ型	10	0.070	1.25	0.088	1.200	1.500	0.114	0.171
抗裂砂浆(网格布)	5	0.930	1.0	0.930	11.311	11.311	0.005	0.061

续表

各层材料名称	厚度	导热系数	修正系数	修正后导热系数	蓄热系数	修正后蓄热系数	热阻值	热惰性指标
合计	230	—	—	—	—	—	0.354	2.44
内隔墙传热阻 [(m^2·K)/W]	$R_o=R_i+\sum R+R_i=0.574$				注：R_i 取 0.11			
内隔墙传热系数 [W/(m^2·K)]	$K=1/R_o=1.74$							

无机轻集料保温砂浆Ⅰ型厚度变化时，内隔墙热工参数如下					
厚度(mm)	15+15	20+20	25+25	30+30	35+35
传热系数 K	1.45	1.25	1.09	1.00	0.87
国标居建 4.0.4 条文规定			分户墙的传热系数 $K\leqslant 2.0$		

10mm 无机保温砂浆Ⅱ型+200mm 钢筋混凝土+10mm 无机保温砂浆Ⅱ型 **表 4-5**

各层材料名称	厚度	导热系数	修正系数	修正后导热系数	蓄热系数	修正后蓄热系数	热阻值	热惰性指标
抗裂砂浆(网格布)	5	0.930	1.0	0.930	11.311	11.311	0.005	0.061
无机保温砂浆Ⅱ型	10	0.085	1.25	0.106	1.500	1.875	0.094	0.176
界面剂	0	—	—	—	—	—	—	—
钢筋混凝土墙体	200	1.740	1.0	1.740	17.200	17.200	0.115	1.977
界面剂	0	—	—	—	—	—	—	—
无机保温砂浆Ⅱ型	10	0.085	1.25	0.106	1.500	1.875	0.094	0.176
抗裂砂浆(网格布)	5	0.930	1.0	0.930	11.311	11.311	0.005	0.061
合计	230	—	—	—	—	—	0.314	2.45
内隔墙传热阻 [(m^2·K)/W]	$R_o=R_i+\sum R+R_i=0.534$				注：R_i 取 0.11			
内隔墙传热系数 [W/(m^2·K)]	$K=1/R_o=1.87$							

续表

各层材料名称	厚度	导热系数	修正系数	修正后导热系数	蓄热系数	修正后蓄热系数	热阻值	热惰性指标
无机轻集料保温砂浆Ⅱ型厚度变化时，内隔墙热工参数如下								
厚度(mm)		15+15		20+20	25+25	30+30		35+35
传热系数 K		1.59		1.39	1.23	1.10		1.00
国标居建 4.0.4 条文规定					分户墙的传热系数 $K \leqslant 2.0$			

200mm 非黏多孔砖 表 4-6

各层材料名称	厚度	导热系数	修正系数	修正后导热系数	蓄热系数	修正后蓄热系数	热阻值	热惰性指标
混合砂浆	15	0.870	1.0	0.870	10.750	10.750	0.017	0.185
界面剂	0	—	—	—	—	—	—	—
非黏多孔砖	200	0.580	1.0	0.580	7.920	7.920	0.345	2.731
界面剂	0	—	—	—	—	—	—	—
混合砂浆	15	0.870	1.0	0.870	10.750	10.750	0.017	0.185
合计	230	—	—	—	—	—	0.379	3.10
内隔墙传热阻 [(m²·K)/W]	$R_o=R_i+\sum R+R_i=0.599$				注：R_i 取 0.11			
内隔墙传热系数 [W/(m²·K)]	$K=1/R_o=1.67$							
国标居建 4.0.4 条文规定					分户墙的传热系数 $K \leqslant 2.0$			

10mm 无机保温砂浆Ⅰ型+200mm 非黏多孔砖 +10mm 无机保温砂浆Ⅰ型 表 4-7

各层材料名称	厚度	导热系数	修正系数	修正后导热系数	蓄热系数	修正后蓄热系数	热阻值	热惰性指标
抗裂砂浆(网格布)	5	0.930	1.0	0.930	11.311	11.311	0.005	0.061
无机保温砂浆Ⅰ型	10	0.070	1.25	0.088	1.200	1.500	0.114	0.171
界面剂	0	—	—	—	—	—	—	—
非黏多孔砖	200	0.580	1.0	0.580	7.920	7.920	0.345	2.731
界面剂	0	—	—	—	—	—	—	—

续表

各层材料名称	厚度	导热系数	修正系数	修正后导热系数	蓄热系数	修正后蓄热系数	热阻值	热惰性指标
无机保温砂浆Ⅰ型	10	0.070	1.25	0.088	1.200	1.500	0.114	0.171
抗裂砂浆(网格布)	5	0.930	1.0	0.930	11.311	11.311	0.005	0.061
合计	230	—	—	—	—	—	0.587	3.196
内隔墙传热阻[(m^2·K)/W]	$R_o=R_i+\sum R+R_i=0.804$					注：R_i 取 0.11		
内隔墙传热系数[W/(m^2·K)]	$K=1/R_o=1.25$							

无机轻集料保温砂浆Ⅰ型厚度变化时，内隔墙热工参数如下					
厚度(mm)	15+15	20+20	25+25	30+30	35+35
传热系数 K	1.09	0.97	0.87	0.79	0.73
国标居建 4.0.4 条文规定		分户墙的传热系数 $K\leqslant 2.0$			

10mm 无机保温砂浆Ⅱ型+200mm 非黏多孔砖+10mm 无机保温砂浆Ⅱ型 **表 4-8**

各层材料名称	厚度	导热系数	修正系数	修正后导热系数	蓄热系数	修正后蓄热系数	热阻值	热惰性指标
抗裂砂浆(网格布)	5	0.930	1.0	0.930	11.311	11.311	0.005	0.061
无机保温砂浆Ⅱ型	10	0.085	1.25	0.106	1.500	1.875	0.094	0.176
界面剂	0	—	—	—	—	—	—	—
非黏多孔砖	200	0.580	1.0	0.580	7.920	7.920	0.345	2.731
界面剂	0	—	—	—	—	—	—	—
无机保温砂浆Ⅱ型	10	0.085	1.25	0.106	1.500	1.875	0.094	0.176
抗裂砂浆(网格布)	5	0.930	1.0	0.930	11.311	11.311	0.005	0.061
合计	230	—	—	—	—	—	0.544	3.206
内隔墙传热阻[(m^2·K)/W]	$R_o=R_i+\sum R+R_i=0.764$					注：R_i 取 0.11		
内隔墙传热系数[W/(m^2·K)]	$K=1/R_o=1.31$							

续表

各层材料名称	厚度	导热系数	修正系数	修正后导热系数	蓄热系数	修正后蓄热系数	热阻值	热惰性指标
无机轻集料保温砂浆Ⅰ型厚度变化时，内隔墙热工参数如下								
厚度(mm)		15+15	20+20		25+25	30+30	35+35	
传热系数K		1.17	1.05		0.96	0.88	0.81	
国标居建4.0.4条文规定				分户墙的传热系数 $K \leqslant 2.0$				

200mm三排孔陶粒混凝土砌块 **表4-9**

各层材料名称	厚度	导热系数	修正系数	修正后导热系数	蓄热系数	修正后蓄热系数	热阻值	热惰性指标
混合砂浆	15	0.870	1.0	0.870	10.750	10.750	0.017	0.185
界面剂	0	—	—	—	—	—	—	—
三排孔陶粒混凝土砌块	200	0.350	1.0	0.350	4.400	4.400	0.571	2.514
界面剂	0	—	—	—	—	—	—	—
混合砂浆	15	0.870	1.0	0.870	10.750	10.750	0.017	0.185
合计	230	—	—	—	—	—	0.606	2.88
内隔墙传热阻[(m²·K)/W]		$R_o=R_i+\sum R+R_i=0.826$				注：R_i 取0.11		
内隔墙传热系数[W/(m²·K)]		$K=1/R_o=1.21$						
国标居建4.0.4条文规定				分户墙的传热系数 $K \leqslant 2.0$				

10mm无机保温砂浆Ⅰ型+200mm三排孔陶粒混凝土砌块 **表4-10**

各层材料名称	厚度	导热系数	修正系数	修正后导热系数	蓄热系数	修正后蓄热系数	热阻值	热惰性指标
抗裂砂浆(网格布)	5	0.930	1.0	0.930	11.311	11.311	0.005	0.061
无机保温砂浆Ⅰ型	10	0.070	1.25	0.088	1.200	1.500	0.114	0.171
界面剂	0	—	—	—	—	—	—	—
三排孔陶粒混凝土砌块	200	0.350	1.0	0.350	4.400	4.400	0.571	2.514
界面剂	0	—	—	—	—	—	—	—

续表

各层材料名称	厚度	导热系数	修正系数	修正后导热系数	蓄热系数	修正后蓄热系数	热阻值	热惰性指标
混合砂浆	15	0.870	1.0	0.870	10.750	10.750	0.017	0.185
合计	230	—	—	—	—	—	0.708	2.932
内隔墙传热阻[(m²·K)/W]	$R_o=R_i+\sum R+R_i=0.928$				注：R_i 取 0.11			
内隔墙传热系数[W/(m²·K)]	$K=1/R_o=1.08$							

无机轻集料保温砂浆Ⅰ型厚度变化时，内隔墙热工参数如下					
厚度(mm)	15	20	25	30	35
传热系数 K	1.02	0.96	0.91	0.86	0.82
国标居建 4.0.4 条文规定			分户墙的传热系数 $K\leqslant2.0$		

10mm 无机保温砂浆Ⅱ型＋240mm 三排孔陶粒混凝土砌块 **表 4-11**

各层材料名称	厚度	导热系数	修正系数	修正后导热系数	蓄热系数	修正后蓄热系数	热阻值	热惰性指标
抗裂砂浆(网格布)	5	0.930	1.0	0.930	11.311	11.311	0.005	0.061
无机保温砂浆Ⅱ型	10	0.085	1.25	0.106	1.500	1.875	0.094	0.176
界面剂	0	—	—	—	—	—	—	—
三排孔陶粒混凝土砌块	200	0.350	1.0	0.350	4.400	4.400	0.571	2.514
界面剂	0	—	—	—	—	—	—	—
混合砂浆	15	0.870	1.0	0.870	10.750	10.750	0.017	0.185
合计	230	—	—	—	—	—	0.688	2.937
内隔墙传热阻[(m²·K)/W]	$R_o=R_i+\sum R+R_i=0.908$				注：R_i 取 0.11			
内隔墙传热系数[W/(m²·K)]	$K=1/R_o=1.10$							

无机轻集料保温砂浆Ⅱ型厚度变化时，内隔墙热工参数如下					
厚度(mm)	15	20	25	30	35
传热系数 K	1.05	1.00	0.95	0.91	0.88
国标居建 4.0.4 条文规定			分户墙的传热系数 $K\leqslant2.0$		

200mm 蒸压加气混凝土砌块(B06 级)　　表 4-12

各层材料名称	厚度	导热系数	修正系数	修正后导热系数	蓄热系数	修正后蓄热系数	热阻值	热惰性指标
聚合物水泥砂浆	15	0.930	1.0	0.930	11.306	11.306	0.016	0.182
界面剂	0	—	—	—	—	—	—	—
蒸压加气混凝土砌块(B06 级)	200	0.160	1.36	0.218	3.280	4.461	0.919	4.100
界面剂	0	—	—	—	—	—	—	—
聚合物水泥砂浆	15	0.930	1.0	0.930	11.306	11.306	0.016	0.182
合计	230	—	—	—	—	—	0.951	4.46
内隔墙传热阻 [(m^2·K)/W]	$R_o=R_i+\sum R+R_i=1.171$				注：R_i 取 0.11			
内隔墙传热系数 [W/(m^2·K)]	$K=1/R_o=0.85$							
国标居建 4.0.4 条文规定					分户墙的传热系数 $K \leqslant 2.0$			

4.3.2　240mm 内隔墙

10mm 无机保温砂浆Ⅰ型+240mm 钢筋混凝土+10mm 无机保温砂浆Ⅰ型　　表 4-13

各层材料名称	厚度	导热系数	修正系数	修正后导热系数	蓄热系数	修正后蓄热系数	热阻值	热惰性指标
抗裂砂浆(网格布)	5	0.930	1.0	0.930	11.311	11.311	0.005	0.061
无机保温砂浆Ⅰ型	10	0.070	1.25	0.088	1.200	1.500	0.114	0.171
界面剂	0	—	—	—	—	—	—	—
钢筋混凝土墙体	240	1.740	1.0	1.740	17.200	17.200	0.138	2.372
界面剂	0	—	—	—	—	—	—	—
无机保温砂浆Ⅰ型	10	0.070	1.25	0.088	1.200	1.500	0.114	0.171
抗裂砂浆(网格布)	5	0.930	1.0	0.930	11.311	11.311	0.005	0.061

续表

各层材料名称	厚度	导热系数	修正系数	修正后导热系数	蓄热系数	修正后蓄热系数	热阻值	热惰性指标
合计	270	—	—	—	—	—	0.377	2.836
内隔墙传热阻[(m²·K)/W]	$R_o=R_i+\sum R+R_i=0.597$				注：R_i 取 0.11			
内隔墙传热系数[W/(m²·K)]	$K=1/R_o=1.68$							

无机轻集料保温砂浆Ⅰ型厚度变化时，内隔墙热工参数如下

厚度(mm)	15+15	20+20	25+25	30+30	35+35
传热系数 K	1.41	1.21	1.06	0.95	0.86
国标居建 4.0.4 条文规定		分户墙的传热系数 $K\leqslant 2.0$			

10mm 无机保温砂浆Ⅱ型+240mm 钢筋混凝土+10mm 无机保温砂浆Ⅱ型　　表 4-14

各层材料名称	厚度	导热系数	修正系数	修正后导热系数	蓄热系数	修正后蓄热系数	热阻值	热惰性指标
抗裂砂浆(网格布)	5	0.930	1.0	0.930	11.311	11.311	0.005	0.061
无机保温砂浆Ⅱ型	10	0.085	1.25	0.106	1.500	1.875	0.094	0.176
界面剂	0	—	—	—	—	—	—	—
钢筋混凝土墙体	240	1.740	1.0	1.740	17.200	17.200	0.138	2.372
界面剂	0	—	—	—	—	—	—	—
无机保温砂浆Ⅱ型	10	0.085	1.25	0.106	1.500	1.875	0.094	0.176
抗裂砂浆(网格布)	5	0.930	1.0	0.930	11.311	11.311	0.005	0.061
合计	270	—	—	—	—	—	0.336	2.847
内隔墙传热阻[(m²·K)/W]	$R_o=R_i+\sum R+R_i=0.556$				注：R_i 取 0.11			
内隔墙传热系数[W/(m²·K)]	$K=1/R_o=1.80$							

无机轻集料保温砂浆Ⅱ型厚度变化时，内隔墙热工参数如下

厚度(mm)	15+15	20+20	25+25	30+30	35+35
传热系数 K	1.54	1.34	1.19	1.07	0.97
国标居建 4.0.4 条文规定		分户墙的传热系数 $K\leqslant 2.0$			

240mm 非黏多孔砖　　表 4-15

各层材料名称	厚度	导热系数	修正系数	修正后导热系数	蓄热系数	修正后蓄热系数	热阻值	热惰性指标
混合砂浆	15	0.870	1.0	0.870	10.750	10.750	0.017	0.185
界面剂	0	—	—	—	—	—	—	—
非黏多孔砖	240	0.580	1.0	0.580	7.920	7.920	0.414	3.279
界面剂	0	—	—	—	—	—	—	—
混合砂浆	15	0.870	1.0	0.870	10.750	10.750	0.017	0.185
合计	270	—	—	—	—	—	0.448	3.649
内隔墙传热阻 [(m²·K)/W]	$R_o=R_i+\sum R+R_i=0.668$				注：R_i 取 0.11			
内隔墙传热系数 [W/(m²·K)]	$K=1/R_o=1.50$							
国标居建 4.0.4 条文规定					分户墙的传热系数 $K\leqslant 2.0$			

10mm 无机保温砂浆Ⅰ型+240mm 非黏多孔砖
+10mm 无机保温砂浆Ⅰ型　　表 4-16

各层材料名称	厚度	导热系数	修正系数	修正后导热系数	蓄热系数	修正后蓄热系数	热阻值	热惰性指标
抗裂砂浆(网格布)	5	0.930	1.0	0.930	11.311	11.311	0.005	0.061
无机保温砂浆Ⅰ型	10	0.070	1.25	0.088	1.200	1.500	0.114	0.171
界面剂	0	—	—	—	—	—	—	—
非黏多孔砖	240	0.580	1.0	0.580	7.920	7.920	0.414	3.279
界面剂	0	—	—	—	—	—	—	—
无机保温砂浆Ⅰ型	10	0.070	1.25	0.088	1.200	1.500	0.114	0.171
抗裂砂浆(网格布)	5	0.930	1.0	0.930	11.311	11.311	0.005	0.061
合计	270	—	—	—	—	—	0.653	3.742
内隔墙传热阻 [(m²·K)/W]	$R_o=R_i+\sum R+R_i=0.873$				注：R_i 取 0.11			
内隔墙传热系数 [W/(m²·K)]	$K=1/R_o=1.15$							

无机轻集料保温砂浆Ⅰ型厚度变化时，内隔墙热工参数如下					
厚度(mm)	15+15	20+20	25+25	30+30	35+35
传热系数 K	1.08	0.91	0.82	0.75	0.69
国标居建 4.0.4 条文规定			分户墙的传热系数 $K\leqslant 2.0$		

10mm 无机保温砂浆Ⅱ型＋240mm 非黏多孔砖＋10mm 无机保温砂浆Ⅱ型 表 4-17

各层材料名称	厚度	导热系数	修正系数	修正后导热系数	蓄热系数	修正后蓄热系数	热阻值	热惰性指标
抗裂砂浆（网格布）	5	0.930	1.0	0.930	11.311	11.311	0.005	0.061
无机保温砂浆Ⅱ型	10	0.085	1.25	0.106	1.500	1.875	0.094	0.176
界面剂	0	—	—	—	—	—	—	—
非黏多孔砖	240	0.580	1.0	0.580	7.920	7.920	0.414	3.279
界面剂	0	—	—	—	—	—	—	—
无机保温砂浆Ⅱ型	10	0.085	1.25	0.106	1.500	1.875	0.094	0.176
抗裂砂浆（网格布）	5	0.930	1.0	0.930	11.311	11.311	0.005	0.061
合计	270	—	—	—	—	—	0.613	3.752
内隔墙传热阻［$(m^2 \cdot K)/W$］	$R_o=R_i+\sum R+R_i=0.833$				注：R_i 取 0.11			
内隔墙传热系数［$W/(m^2 \cdot K)$］	$K=1/R_o=1.20$							

无机轻集料保温砂浆Ⅱ型厚度变化时，内隔墙热工参数如下					
厚度(mm)	15+15	20+20	25+25	30+30	35+35
传热系数 K	1.08	0.98	0.90	0.83	0.77
国标居建 4.0.4 条文规定		分户墙的传热系数 $K \leqslant 2.0$			

240mm 三排孔陶粒混凝土砌块 表 4-18

各层材料名称	厚度	导热系数	修正系数	修正后导热系数	蓄热系数	修正后蓄热系数	热阻值	热惰性指标
混合砂浆	15	0.870	1.0	0.870	10.750	10.750	0.017	0.185
界面剂	0	—	—	—	—	—	—	—
三排孔陶粒混凝土砌块	240	0.350	1.0	0.350	4.400	4.400	0.686	3.018
界面剂	0	—	—	—	—	—	—	—
混合砂浆	15	0.870	1.0	0.870	10.750	10.750	0.017	0.185
合计	270	—	—	—	—	—	0.720	3.388
内隔墙传热阻［$(m^2 \cdot K)/W$］	$R_o=R_i+\sum R+R_i=0.940$				注：R_i 取 0.11			
内隔墙传热系数［$W/(m^2 \cdot K)$］	$K=1/R_o=1.06$							
国标居建 4.0.4 条文规定				分户墙的传热系数 $K \leqslant 2.0$				

10mm 无机保温砂浆Ⅰ型+240mm 三排孔陶粒混凝土砌块 表 4-19

各层材料名称	厚度	导热系数	修正系数	修正后导热系数	蓄热系数	修正后蓄热系数	热阻值	热惰性指标
抗裂砂浆(网格布)	5	0.930	1.0	0.930	11.311	11.311	0.005	0.061
无机保温砂浆Ⅰ型	10	0.070	1.25	0.088	1.200	1.500	0.114	0.171
界面剂	0	—	—	—	—	—	—	—
三排孔陶粒混凝土砌块	240	0.350	1.0	0.350	4.400	4.400	0.686	3.018
界面剂	0	—	—	—	—	—	—	—
混合砂浆	15	0.870	1.0	0.870	10.750	10.750	0.017	0.185
合计	270	—	—	—	—	—	0.823	3.435
内隔墙传热阻[(m²·K)/W]	$R_o=R_i+\sum R+R_i=1.043$				注：R_i 取 0.11			
内隔墙传热系数[W/(m²·K)]	$K=1/R_o=0.96$							

无机轻集料保温砂浆Ⅰ型厚度变化时，内隔墙热工参数如下

厚度(mm)	15	20	25	30	35
传热系数 K	0.91	0.86	0.82	0.79	0.75
国标居建 4.0.4 条文规定			分户墙的传热系数 $K\leqslant2.0$		

10mm 无机保温砂浆Ⅱ型+240mm 三排孔陶粒混凝土砌块 表 4-20

各层材料名称	厚度	导热系数	修正系数	修正后导热系数	蓄热系数	修正后蓄热系数	热阻值	热惰性指标
抗裂砂浆(网格布)	5	0.930	1.0	0.930	11.311	11.311	0.005	0.061
无机保温砂浆Ⅱ型	10	0.085	1.25	0.106	1.500	1.875	0.094	0.176
界面剂	0	—	—	—	—	—	—	—
三排孔陶粒混凝土砌块	240	0.350	1.0	0.350	4.400	4.400	0.686	3.018

续表

各层材料名称	厚度	导热系数	修正系数	修正后导热系数	蓄热系数	修正后蓄热系数	热阻值	热惰性指标
界面剂	0	—	—	—	—	—	—	—
混合砂浆	15	0.870	1.0	0.870	10.750	10.750	0.017	0.185
合计	270	—	—	—	—	—	0.802	3.440
内隔墙传热阻[$(m^2\cdot K)/W$]	$R_o=R_i+\sum R+R_i=1.022$					注：R_i 取 0.11		
内隔墙传热系数[$W/(m^2\cdot K)$]	$K=1/R_o=0.98$							

无机轻集料保温砂浆Ⅱ型厚度变化时，内隔墙热工参数如下					
厚度(mm)	15	20	25	30	35
传热系数 K	0.94	0.90	0.86	0.83	0.80
国标居建 4.0.4 条文规定			分户墙的传热系数 $K\leqslant2.0$		

240mm 蒸压加气混凝土砌块(B06 级)　　表 4-21

各层材料名称	厚度	导热系数	修正系数	修正后导热系数	蓄热系数	修正后蓄热系数	热阻值	热惰性指标
聚合物水泥砂浆	15	0.930	1.0	0.930	11.306	11.306	0.016	0.182
界面剂	0	—	—	—	—	—	—	—
蒸压加气混凝土砌块(B06 级)	240	0.160	1.36	0.218	3.280	4.461	1.101	4.912
界面剂	0	—	—	—	—	—	—	—
聚合物水泥砂浆	15	0.930	1.0	0.930	11.306	11.306	0.016	0.182
合计	230	—	—	—	—	—	1.133	5.276
内隔墙传热阻[$(m^2\cdot K)/W$]	$R_o=R_i+\sum R+R_i=1.353$					注：R_i 取 0.11		
内隔墙传热系数[$W/(m^2\cdot K)$]	$K=1/R_o=0.74$							
国标居建 4.0.4 条文规定						分户墙的传热系数 $K\leqslant2.0$		

4.4 常用材料变更比较

相同热工性能下，材料厚度换算 **表 4-22**

无机保温砂浆Ⅰ型	10mm
无机保温砂浆Ⅱ型	13mm

4.5 注意措施

相关参考文件 **表 4-23**

构造	国家建筑标准设计图集	《内隔墙建筑构造》J111—114
标准	中华人民共和国国家标准	《电子信息系统机房设计规范》GB 50174—2008 《计算机场地通用规范》GB/T 2887—2011
材料	砂加气混凝土	国家建筑标准设计图集《蒸压轻质砂加气混凝土(AAC)砌块和板材建筑构造》06CJ05
	陶粒混凝土	浙江省建筑标准设计图集《陶粒混凝土砌块墙体建筑构造》2010 浙 J60
特殊	1. 对有特殊保温需求的房间(如需要恒温恒湿的计算机房)，其隔墙及上下楼板(楼板做法详见第六章节)应做节能处理，建议选用 $K \leqslant 1.5$ 的内隔墙构造做法。 2. 分户墙墙体建议优先采用 240mm 墙体、重质材料、实心材料，户间墙体的隔声问题较节能问题更为突出，更需注意。 3. 墙体交叉处，及不同材料交接处，应进行抗裂处理。 4. 200mm 厚分户墙墙体材料采用轻集料混凝土空心砌块时(构造参见浙江省标准《居住建筑节能设计标准》DB 33/1015—2003 分户墙类型 A3)，其热工性能(约为 1.97)能够满足 $K \leqslant 2.0$ 的要求	

第5章 门窗与透明幕墙节能设计

5.1 标准指标

表5-1～表5-3根据中华人民共和国行业标准《建筑门窗玻璃幕墙热工计算规程》JGJ/T 151—2008的表A.0.1-1、表A.0.1-2和表C.0.1给出构件建议K值与玻璃选型。

窗墙比0.3以下的门窗幕墙节能设计相关要求　　表5-1

<table>
<tr><th colspan="3">窗墙面积比/朝向</th><th>东</th><th>南</th><th>西</th><th>北</th><th>构件建议K值[W/(m^2·K)]</th></tr>
<tr><td rowspan="5">≤0.2</td><td rowspan="2">国标居建</td><td>体形系数≤0.4</td><td colspan="4">K≤4.7</td><td rowspan="7">塑钢：框3.4玻璃2.9
断热：框3.8玻璃2.9</td></tr>
<tr><td>体形系数>0.4</td><td colspan="4">K≤4.0</td></tr>
<tr><td rowspan="3">省标公建</td><td>甲类</td><td colspan="4">K≤3.3</td></tr>
<tr><td>乙类</td><td colspan="4">K≤4.7</td></tr>
<tr><td>丙类</td><td colspan="4">K≤5.4</td></tr>
<tr><td rowspan="7">0.2<窗墙比≤0.3</td><td rowspan="2">国标居建</td><td>体形系数≤0.4</td><td colspan="4">K≤4.0</td></tr>
<tr><td>体形系数>0.4</td><td colspan="4">K≤3.2</td></tr>
<tr><td rowspan="5">省标公建</td><td rowspan="2">甲类</td><td colspan="4">K≤2.5</td><td>断热：框2.6玻璃2.3</td></tr>
<tr><td colspan="3">S_W≤0.40</td><td>/</td><td>6灰色吸热+12A+6透明</td></tr>
<tr><td rowspan="2">乙类</td><td colspan="4">K≤3.5</td><td>塑钢：框3.4玻璃2.9
断热：框3.8玻璃2.9</td></tr>
<tr><td colspan="3">S_W≤0.55</td><td>/</td><td>6绿色吸热+12A+6透明</td></tr>
<tr><td>丙类</td><td colspan="4">K≤4.7</td><td>框3.8玻璃3.3</td></tr>
</table>

窗墙比 0.4 以下的门窗幕墙节能设计相关要求　　表 5-2

<table>
<tr><th colspan="3">窗墙面积比/朝向</th><th>东</th><th>南</th><th>西</th><th>北</th><th>构件建议 K 值
[W/(m²·K)]</th></tr>
<tr><td rowspan="9">0.3<窗墙比≤0.4</td><td rowspan="4">国标居建</td><td rowspan="2">体形系数≤0.4</td><td colspan="4">K≤3.2，东、西向窗墙比≤0.35；北向窗墙比≤0.4</td><td>塑钢：框 3.4 玻璃 2.9
断热：框 3.8 玻璃 2.9</td></tr>
<tr><td>夏季 SC≤0.4</td><td>夏季 SC≤0.45</td><td>夏季 SC≤0.4</td><td>—</td><td>6 灰色吸热+12A+6 透明</td></tr>
<tr><td rowspan="2">体形系数>0.4</td><td colspan="4">K≤2.8，东、西向窗墙比≤0.35；北向窗墙比≤0.4</td><td>框 3.0 玻璃 2.5</td></tr>
<tr><td>夏季 SC≤0.4</td><td>夏季 SC≤0.45</td><td>夏季 SC≤0.4</td><td>/</td><td>6 灰色吸热+12A+6 透明</td></tr>
<tr><td rowspan="5">省标公建</td><td rowspan="2">甲类</td><td colspan="4">K≤2.1</td><td>框 2.2 玻璃 1.9</td></tr>
<tr><td colspan="3">S_W≤0.35</td><td>S_W≤0.40</td><td>6 较低透光 Low-E+12A+6 透明</td></tr>
<tr><td rowspan="2">乙类</td><td colspan="4">K≤3.0</td><td>框 3.0 玻璃 2.7</td></tr>
<tr><td colspan="3">S_W≤0.50</td><td>S_W≤0.60</td><td>6 绿色吸热+12A+6 透明</td></tr>
<tr><td>丙类</td><td colspan="4">K≤4.0</td><td>框 3.8 玻璃 3.3</td></tr>
</table>

窗墙比 0.5 以下的门窗幕墙节能设计相关要求　　表 5-3

<table>
<tr><th colspan="3">窗墙面积比/朝向</th><th>东</th><th>南</th><th>西</th><th>北</th><th>构件建议 K 值 [W/(m²·K)]</th></tr>
<tr><td rowspan="4">0.4<窗墙比≤0.45</td><td rowspan="4">国标居建</td><td rowspan="2">体形系数≤0.4</td><td colspan="4">$K\leqslant 2.8$，南向窗墙比≤0.45</td><td>框 3.0 玻璃 2.5</td></tr>
<tr><td>夏季 $SC\leqslant 0.35$</td><td>夏季 $SC\leqslant 0.4$</td><td>夏季 $SC\leqslant 0.35$</td><td>—</td><td>6 较低透光 Low-E＋12A＋6 透明</td></tr>
<tr><td rowspan="2">体形系数>0.4</td><td colspan="4">$K\leqslant 2.5$，南向窗墙比≤0.45</td><td>断热：框 2.6 玻璃 2.3</td></tr>
<tr><td>夏季 $SC\leqslant 0.35$</td><td>夏季 $SC\leqslant 0.4$</td><td>夏季 $SC\leqslant 0.35$</td><td>—</td><td>6 较低透光 Low-E＋12A＋6 透明</td></tr>
<tr><td rowspan="6">0.4<窗墙比≤0.5</td><td rowspan="6">省标公建</td><td rowspan="2">甲类</td><td colspan="4">$K\leqslant 2.0$，权衡判断时 $K\leqslant 3.0$，$S_W\leqslant 0.5$</td><td>塑钢：框 2.2 玻璃 1.5
断热：框 2.2 玻璃 1.7</td></tr>
<tr><td colspan="3">$S_W\leqslant 0.32$</td><td>$S_W\leqslant 0.4$</td><td>6 较低透光 Low-E＋12A＋6 透明</td></tr>
<tr><td rowspan="2">乙类</td><td colspan="4">$K\leqslant 2.8$，权衡判断时 $K\leqslant 3.0$，$S_W\leqslant 0.5$</td><td>框 3.0 玻璃 2.5</td></tr>
<tr><td colspan="3">$S_W\leqslant 0.45$</td><td>$S_W\leqslant 0.55$</td><td>6 绿色吸热＋12A＋6 透明</td></tr>
<tr><td rowspan="2">丙类</td><td colspan="4">$K\leqslant 3.5$，权衡判断时 $K\leqslant 3.5$，$S_W\leqslant 0.8$</td><td>塑钢：框 3.4 玻璃 2.9
断热：框 3.8 玻璃 2.9</td></tr>
<tr><td colspan="4">$S_W\leqslant 0.80$</td><td>6 透明＋12A＋6 透明</td></tr>
</table>

窗墙比 0.7 以下的门窗幕墙节能设计相关要求　　　表 5-4

<table>
<tr><th colspan="3">窗墙面积比/朝向</th><th>东</th><th>南</th><th>西</th><th>北</th><th>构件建议 K 值
[W/(m^2·K)]</th></tr>
<tr><td rowspan="4">0.45＜窗墙比≤0.6</td><td rowspan="4">国标居建</td><td rowspan="2">体形系数≤0.4</td><td colspan="4">K≤2.5，每套房间允许一个房间(不分朝向)窗墙比不大于0.6</td><td>断热：框 2.6
玻璃 2.3</td></tr>
<tr><td colspan="3">设置外遮阳，夏季 SC≤0.4，冬季 SC≥0.6</td><td>—</td><td>6 灰色吸热+12A+6 透明</td></tr>
<tr><td rowspan="2">体形系数＞0.4</td><td colspan="4">K≤2.3，每套房间允许一个房间(不分朝向)窗墙比不大于0.6</td><td>塑钢：框 2.2
玻璃 2.1
断热：框 2.6
玻璃 2.1</td></tr>
<tr><td colspan="3">设置外遮阳，夏季 SC≤0.4，冬季 SC≥0.6</td><td>—</td><td>6 灰色吸热+12A+6 透明</td></tr>
<tr><td rowspan="5">0.5＜窗墙比≤0.7</td><td rowspan="5">省标公建</td><td rowspan="2">甲类</td><td colspan="4">K≤1.8，东、西朝向的窗墙比≤0.7，权衡判断时 K≤3.0，S_W≤0.5</td><td>塑钢：框 2.2
玻璃 1.3
断热：框 2.2
玻璃 1.5</td></tr>
<tr><td colspan="3">S_W≤0.28</td><td>S_W≤0.35</td><td>6 中等透光热反射+12A+6 透明</td></tr>
<tr><td rowspan="2">乙类</td><td colspan="4">K≤2.5，权衡判断时 K≤3.0，S_W≤0.5</td><td>断热：框 2.6
玻璃 2.3</td></tr>
<tr><td colspan="3">S_W≤0.40</td><td>S_W≤0.50</td><td>6 灰色吸热+12A+6 透明</td></tr>
<tr><td>丙类</td><td colspan="4">每个朝向的窗墙面积比≤0.5，权衡判断时 K≤3.5，S_W≤0.8</td><td>塑钢：框 3.4
玻璃 2.9
断热：框 3.8
玻璃 2.9</td></tr>
</table>

窗墙比 0.7 以上的门窗幕墙节能设计相关要求　　表 5-5

<table>
<tr><th colspan="3">窗墙面积比/朝向</th><th>东</th><th>南</th><th>西</th><th>北</th><th>构件建议 K 值
[W/(m²·K)]</th></tr>
<tr><td rowspan="5">0.7<窗墙比≤0.8（仅适用于南北朝向）</td><td rowspan="5">省标公建</td><td rowspan="2">甲类</td><td colspan="4">K≤1.4，南、北向的窗墙比≤0.8，且建筑物总窗墙面积比≤0.7，权衡判断时 K≤3.0，S_W≤0.5</td><td>塑钢：框 1.8 玻璃 0.9
断热：框 1.8 玻璃 1.1</td></tr>
<tr><td colspan="3">S_W≤0.25</td><td>S_W≤0.28</td><td>6 低透光 Low-E＋12A＋6 透明</td></tr>
<tr><td rowspan="2">乙类</td><td colspan="4">K≤2.0，每个朝向的窗墙比≤0.8，权衡判断时 K≤3.0，S_W≤0.5</td><td>塑钢：框 2.2 玻璃 1.5
断热：框 2.2 玻璃 1.7</td></tr>
<tr><td colspan="3">S_W≤0.35</td><td>S_W≤0.40</td><td>6 较低透光 Low-E＋12A＋6 透明</td></tr>
<tr><td>丙类</td><td colspan="4">每个朝向的窗墙比≤0.5，权衡判断时 K≤3.5，S_W≤0.8</td><td>塑钢：框 3.4 玻璃 2.9
断热：框 3.8 玻璃 2.9</td></tr>
</table>

中华人民共和国行业标准《夏热冬冷地区居住建筑节能设计标准》JGJ 134—2010 的其他要求：

1. 当外窗为凸窗时，凸窗的传热系数限值应比规定的限值小 10%；

2. 计算窗墙比面积比时，凸窗的面积应按洞口面积计算。

3. 对凸窗不透明的上顶板、下底板和侧板，应进行保温处理，且板的传热系数不应低于外墙的传热系数的限值要求。

浙江省标准《公共建筑节能设计标准》DB 33/1036—2007

的其他要求：

1. 外窗的可开启面积不应小于窗面积的 30% 。透明幕墙应在每个独立开间设有可开启部分或设置通风换气装置。(4.1.7)

2. 公共建筑的外窗（包括透明幕墙），当单一朝向的窗墙面积比小于 0.40 时，玻璃（或其他透明材料）的可见光透射比不应小于 0.40。(4.1.5-4)

中华人民共和国国家标准《农村居住建筑节能设计标准》GB/T 50824—2013 仅要求卧室、起居室外窗 $K\leqslant 3.2$，厨房、卫生间、储藏室 $K\leqslant 4.7$。

5.2 建筑朝向

建筑节能中对建筑物朝向的定义与常规认知有所差异。如图 5-1 所示，居住建筑节能设计标准中认为的“东、西”代表从东或西偏北 30°（含 30°）至偏南 60°（含 60°）的范围；“南”代表从南偏东 30°至偏西 30°的范围。

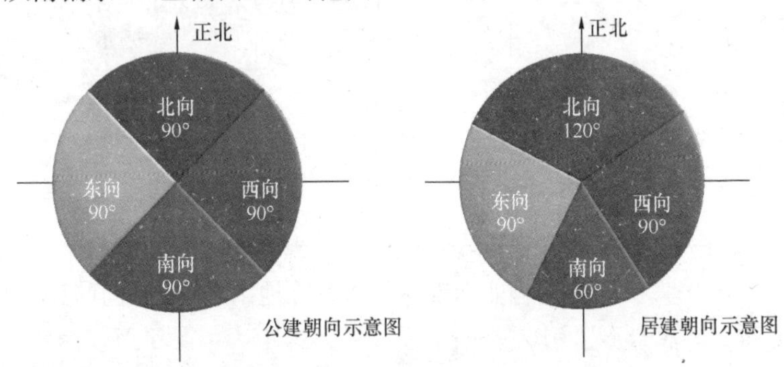

图 5-1 建筑朝向示意图

省标居建与省标公建对建筑朝向的条文要求 **表 5-6**

省标居建	浙江省居住建筑的适宜物朝向为南偏东 30°至南偏西 15°
省标公建	建筑单体的主体朝向宜采用南偏东 30°至南偏西 15°或当地最佳朝向

5.3 气 密 性

现行气密性相关标准为《建筑外窗气密、水密、抗风压性能分级及检测方法》GB/T 7106—2008 与《建筑幕墙》GB/T 21086—2007。

中华人民共和国行业标准《夏热冬冷地区居住建筑节能设计标准》JGJ 134—2010 已按最新气密性相关标准进行规定。

浙江省标准《公共建筑节能设计标准》DB 33/1036—2007 未按最新气密性相关标准进行规定，在进行建筑节能设计时需注意调整完善。

新旧气密性相关标准如下表所示：

2002 版与 2008 版外窗气密性要求差异比较　　表 5-7

<table>
<tr><th colspan="3">《建筑外窗气密性能分级及检测方法》GB/T 7107—2002</th><th colspan="3">《建筑外窗气密、水密、抗风压性能分级及检测方法》GB/T 7106—2008</th></tr>
<tr><th>分级</th><th>单位缝长指标值 q_1[m³/(m·h)]</th><th>单位缝长指标值 q_2[m³/(m·h)]</th><th>分级</th><th>单位缝长指标值 q_1[m³/(m·h)]</th><th>单位缝长指标值 q_2[m³/(m·h)]</th></tr>
<tr><td rowspan="3">2</td><td rowspan="3">$4.0 \geqslant q_1 > 2.5$</td><td rowspan="3">$12 \geqslant q_2 > 7.5$</td><td>1</td><td>$4.0 \geqslant q_1 > 3.5$</td><td>$12 \geqslant q_2 > 10.5$</td></tr>
<tr><td>2</td><td>$3.5 \geqslant q_1 > 3.0$</td><td>$10.5 \geqslant q_2 > 9.0$</td></tr>
<tr><td>3</td><td>$3.0 \geqslant q_1 > 2.5$</td><td>$9.0 \geqslant q_2 > 7.5$</td></tr>
<tr><td rowspan="2">3</td><td rowspan="2">$2.5 \geqslant q_1 > 1.5$</td><td rowspan="2">$7.5 \geqslant q_2 > 4.5$</td><td>4</td><td>$2.5 \geqslant q_1 > 2.0$</td><td>$7.5 \geqslant q_2 > 6.0$</td></tr>
<tr><td>5</td><td>$2.0 \geqslant q_1 > 1.5$</td><td>$6.0 \geqslant q_2 > 4.5$</td></tr>
<tr><td rowspan="2">4</td><td rowspan="2">$1.5 \geqslant q_1 > 0.5$</td><td rowspan="2">$4.5 \geqslant q_2 > 1.5$</td><td>6</td><td>$1.5 \geqslant q_1 > 1.0$</td><td>$4.5 \geqslant q_2 > 3.0$</td></tr>
<tr><td>7</td><td>$1.0 \geqslant q_1 > 0.5$</td><td>$3.0 \geqslant q_2 > 1.5$</td></tr>
<tr><td>5</td><td>$q_1 \leqslant 0.5$</td><td>$q_2 \leqslant 1.5$</td><td>8</td><td>$q_1 \leqslant 0.5$</td><td>$q_2 \leqslant 1.5$</td></tr>
</table>

外窗气密性要求　　表 5-8

省标居建	1～6 层的外窗及敞开式阳台门的气密性等级，≥4 级； 7 层及 7 层以上的外窗及敞开式阳台门和气密性等级，≥6 级
省标公建	甲、乙类建筑外窗及敞开式阳台门和气密性等级，≥6 级。 丙类建筑外窗及敞开式阳台门和气密性等级，≥4 级
国标农居	外门、外窗的气密性等级，≥4 级

1994 版与 2007 版幕墙气密性要求差异比较　　表 5-9

《建筑幕墙物理性能分级》GB/T 15225—94			《建筑幕墙》GB/T 21086—2007		
分级	建筑幕墙开启部分气密性能分级	建筑幕墙整体气密性能分级	分级	建筑幕墙开启部分气密性能分级	建筑幕墙整体气密性能分级
	指标值 q_1[m³/(m·h)]	分级指标值 q_A[m³/(m·h)]		指标值 q_1[m³/(m·h)]	分级指标值 q_A[m³/(m·h)]
1	$4.0 \geqslant q_1 > 2.5$	$4.0 \geqslant q_A > 2.5$	1	$4.0 \geqslant q_L > 2.5$	$4.0 \geqslant q_A > 2.0$
2	$2.5 \geqslant q_1 > 1.5$	$2.5 \geqslant q_A > 1.5$	2	$2.5 \geqslant q_L > 1.5$	$2.0 \geqslant q_A > 1.2$
3	$1.5 \geqslant q_1 > 0.5$	$1.5 \geqslant q_A > 0.5$	3	$1.5 \geqslant q_L > 0.5$	$1.2 \geqslant q_A > 0.5$
4	$q_1 \leqslant 0.5$	$q_A \leqslant 0.5$	4	$q_L \leqslant 0.5$	$q_A \leqslant 0.5$

建筑幕墙气密性要求　　表 5-10

省标居建	未做规定。
省标公建	甲、乙类建筑透明幕墙气密性等级，≥3 级。 丙类建筑透明幕墙气密性等级，≥2 级

5.4 建筑门窗玻璃幕墙传热系数计算

建筑门窗玻璃幕墙热工计算可以按照中华人民共和国行业标准《建筑门窗玻璃幕墙热工计算规程》JGJ/T 151—2008 执行。

在没有精确计算的情况下，典型窗（窗框面积占整樘窗面积30%的窗户传热系数、窗框面积占整樘窗面积 20%的窗户传热系数）与玻璃的热工参数近似值可按 JGJ/T 151—2008 的表 A.0.1-1、表 A.0.1-2 和表 C.0.1 采用。

JGJ/T 151—2008 表 C.0.1 典型玻璃系统光学热工参数　　表 5-11

	玻 璃 品 种	传热系数 U_g [W/(m^2·K)]
中空玻璃	6 透明+12 空气+6 透明	2.8
	6 绿色吸热+12 空气+6 透明	2.8
	6 灰色吸热+12 空气+6 透明	2.8
	6 中等透光热反射+12 空气+6 透明	2.4
	6 低透光热反射+12 空气+6 透明	2.3
	6 高透光 Low-E+12 空气+6 透明	1.9
	6 中透光 Low-E+12 空气+6 透明	1.8
	6 较低透光 Low-E+12 空气+6 透明	1.8
	6 低透光 Low-E+12 空气+6 透明	1.8
	6 高透光 Low-E+12 氩气+6 透明	1.5
	6 中透光 Low-E+12 氩气+6 透明	1.4

《居住建筑节能设计标准》DB 33/1015—2003 表 F.0.1

外窗的传热系数　　表 5-12

窗框材料	窗户类型	窗框窗洞面积比 (%)	传热系数 K [W/(m^2·K)]
钢、铝合金	单层普通玻璃窗	20～30	6.0～6.5
	单框普通中空玻璃窗	20～30	3.6～4.2
	单框低辐射中空玻璃窗	20～30	2.7～3.4
	双层普通玻璃窗	20～30	3.0
断热铝合金	单框普通中空玻璃窗	20～30	3.3～3.5
	单框低辐射中空玻璃窗	20～30	2.3～3.0
木、塑料	单层普通玻璃窗	30～40	4.5～4.9
	单框普通中空玻璃窗	30～40	2.7～3.0
	单框低辐射中空玻璃窗	30～40	2.0～2.4
	双层普通玻璃窗	30～40	2.3

5.5　门窗幕墙综合遮阳系数的计算

综合遮阳系数的计算可以按照中华人民共和国行业标准《建筑门窗玻璃幕墙热工计算规程》JGJ/T 151—2008 执行。

综合遮阳系数的计算也可以按照中华人民共和国行业标准《夏热冬冷地区居住建筑节能设计标准》JGJ 134—2010 执行。

窗的综合遮阳系数 S_W

=窗本身的遮阳系数 SC×外遮阳的遮阳系数 SC

=玻璃的遮阳系数 SC×（1－窗框面积比）×外遮阳的遮阳系数 SD

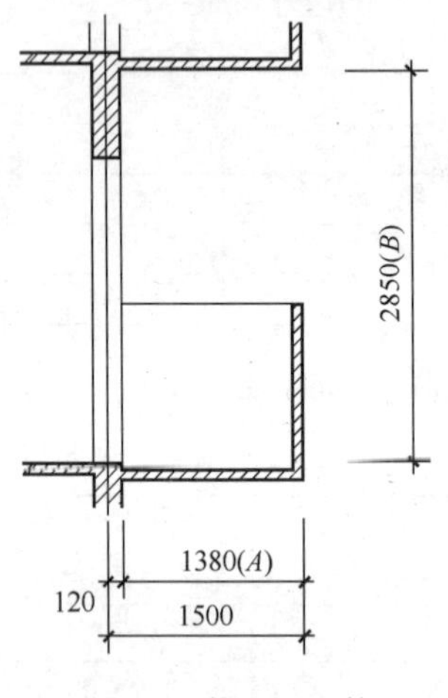

图 5-2 外遮阳系数 SD 计算示意图

其中：窗框面积比。PVC 塑钢窗或木窗窗框比可取 0.30，铝合金窗框比可取 0.20，其他框材的窗按相近原则取值；

外遮阳的遮阳系数 SD 计算可以按照中华人民共和国国家标准《公共建筑节能设计标准》GB 50189—2005；计算范例如图 5-2：

由图可知：$A=1380\text{mm}$ $B=2850\text{mm}$

假定此为南向阳台：查表得 $a_h=0.47$ $b_h=-0.79$（GB 50189—2005：表 A.0.1）

遮阳板外挑系数：$PF=A/B=1380/2850-0.4842$（GB 50189—2005：A.0.1—3）

水平遮阳板：$S_{DH}=a_h PF^2+b_h PF+1=0.47\times0.4842^2+(-0.79\times0.4842)+1=0.7277$（GB 50189—2005：A.0.1-1）

GB 50189—2005 相关计算公式：

水平遮阳板：$S_{DH}=a_h PF^2+b_h PF+1$ （GB 50189—2005：A.0.1-1）

垂直遮阳板：$S_{Dv}=a_v PF^2+b_v PF+1$ （GB 50189—2005：A.0.1-2）

遮阳板外挑系数：$PF=A/B$ （GB 50189—2005：A.0.1-3）

式中　S_{DH}——水平遮阳板夏季外遮阳系数；

S_{Dv}——垂直遮阳板夏季外遮阳系数；

a_h、b_h、a_v、b_v——计算系数，按(GB 50189—2005)表 A.0.1 取定；

PF——遮阳板外挑系数，当计算出的 $PF>1$ 时，取 $PF=1$；

A——遮阳板外挑长度；

B——遮阳板根部到窗对边距离。

《公共建筑节能设计标准》GB 50189—2005

表 A 水平和垂直外遮阳计算系数　　表 5-13

遮阳装置	计算系数	东	东南	南	西南	西	西北	北	东北
水平遮阳板	a_h	0.35	0.48	0.47	0.36	0.36	0.36	0.30	0.48
	b_h	−0.75	−0.83	−0.79	−0.68	−0.76	−0.68	−0.58	−0.83
垂直遮阳板	a_v	0.32	0.42	0.42	0.42	0.33	0.41	0.44	0.43
	b_v	−0.65	−0.80	−0.80	−0.82	−0.66	−0.82	−0.84	−0.83

5.6 居住建筑户门节能设计

传热系数 K 值要求　　表 5-14

国标居建	体形系数≤0.4	通往封闭空间	$K\leqslant3.0$
		通往非封闭空间或户外	$K\leqslant2.0$
	体形系数>0.4	通往封闭空间	$K\leqslant3.0$
		通往非封闭空间或户外	$K\leqslant2.0$
省标公建		无相关要求	
国标农居		$K\leqslant3.0$	

《居住建筑节能设计标准》DB 33/1035—2003

表 F.0.2 户门及阳台门的传热系数系数　　表 5-15

户门及阳台门名称	传热系数 K [W/(m²·K)]
多功能户门（具有保温、隔声、防盗等功能）	1.50
夹板门或蜂窝夹板门	2.50
双层玻璃门	2.50

5.7 透明幕墙节能设计防火要求

公通字［2009］46 第二章第五条幕墙式建筑规定与解读　表 5-16

<table>
<tr><th>透明幕墙应符合下列规定</th><th>对应材料与做法</th></tr>
<tr><td>（三）保温材料应采用不燃材料作防护层。防护层应将保温材料完全覆盖。防护层厚度不应小于 3mm</td><td rowspan="3">常见燃烧性能应为 A 级的透明幕墙保温材料：无机轻集料保温砂浆、保温棉（矿棉，岩棉，玻璃棉板、毡）、泡沫玻璃；
常见透明幕墙保温材料的不燃材料防护层：保温棉（矿棉，岩棉，玻璃棉板、毡）；
常见防火封堵材料：保温棉（矿棉，岩棉，玻璃棉毡）</td></tr>
<tr><td>（四）采用金属、石材等非透明幕墙结构的建筑，应设置基层墙体，其耐火极限应符合现行防火规范关于外墙耐火极限的有关规定；玻璃幕墙的窗间墙、窗槛墙、裙墙的耐火极限和防火构造应符合现行防火规范关于建筑幕墙的有关规定</td></tr>
<tr><td>（五）基层墙体内部空腔及建筑幕墙与基层墙体、窗间墙、窗槛墙及裙墙之间的空间，应在每层楼板处采用防火封堵材料封堵</td></tr>
<tr><td colspan="2">备注：保温棉品种较多，具体参数详见附录 C</td></tr>
</table>

5.8 注意措施

相关参考文件　表 5-17

<table>
<tr><td rowspan="2">构造</td><td>国家建筑标准设计图集</td><td>《特种门窗》04J610—1；
《通风天窗》05CJ621—3；
《通风采光天窗》11CJ33；
《铝塑共挤节能门窗》11CJ27；
《建筑节能门窗（一）》06J607—1；
《高强度中空采光板门窗》11CJ24；
《建筑外遮阳（一）》06J506—1</td></tr>
<tr><td>浙江省建筑标准设计图集</td><td>《钢塑复合节能门窗》2004 浙 J53；
《铝合金门窗》2010 浙 J7。</td></tr>
</table>

续表

<table>
<tr><td rowspan="3">标准</td><td>中华人民共和国国家标准</td><td>《建筑采光设计标准》GB/T 50033—2001；
《中空玻璃》GB/T 11944—2002（代替 GB/T 11944—1989GB/T 7020—1986）；
《建筑外门窗保温性能分级及检测方法》GB/T 8484—2008（代替 GB/T 16729—1997）；
《建筑外窗气密、水密、抗风压性能分级及检测方法》GB/T 7106—2008（代替 GB/T 7106～7108—2002、GB/T 13685～13686—1992）；
《建筑幕墙》GB/T 21086—2007</td></tr>
<tr><td>中华人民共和国行业标准</td><td>《建筑玻璃应用技术规程》JGJ 113—2009</td></tr>
<tr><td>浙江省工程建设标准</td><td>《建筑门窗应用技术规程》DB 33/1064—2009</td></tr>
<tr><td>改造</td><td colspan="2">中华人民共和国行业标准《既有居住建筑节能改造技术规程》JGJ/T 129—2012。
中华人民共和国行业标准《公共建筑节能改造技术规范》JGJ 176—2009</td></tr>
<tr><td rowspan="2">能源</td><td>光伏</td><td>国家建筑标准设计图集《建筑太阳能光伏系统设计与安装》10J908—5</td></tr>
<tr><td>光热</td><td>国家建筑标准设计图集《住宅太阳能热水系统选用与安装》11CJ32</td></tr>
<tr><td>特殊</td><td colspan="2">1. 门窗洞口位置对自然通风影响较大。
2. 在外墙保温层厚度不变的情况下，外窗设置外遮阳会影响能耗计算结果。
3. 内遮阳设施虽然可以遮挡阳光，避免太阳直接照射室内，但玻璃吸收和透过的所有热量全部成为室内得热。所以在建筑节能设计规范中，通常是推荐外遮阳。
4. 按中华人民共和国行业标准《建筑遮阳工程技术规范》JGJ237—2011 的 4.1.4 条文建议：
（1）南向、北向宜采用水平式遮阳或综合式遮阳；
（2）东西向宜采用垂直或挡板式遮阳；
（3）东南向、西南向宜采用综合式遮阳。
5. 在朝向窗墙比不大于 0.2 的情况下，传热 $K \leqslant 3.3$ 的塑钢（断热）普通中空玻璃窗，可满足规范要求。
6. 中华人民共和国行业标准《夏热冬冷地区居住建筑节能设计标准》JGJ 134—2010 对楼梯间，外走廊的窗不做要求。
7. 居住建筑楼梯间、外走廊的窗必须满足中华人民共和国建设部公告第 659 号《建设部关于发布建设事业“十一五”推广应用和限制禁止使用技术（第一批）的公告》、建设发〔2010〕210 号《浙江省建设领域推广应用技术公告》、《浙江省建设领域淘汰和限制使用技术公告》要求，金属型材必须为断热型材，玻璃必须采用中空玻璃。
8. 中空玻璃稳态 U 值（传热系数）的计算及测定可以参考中华人民共和国国家标准《中空玻璃稳定状态下 U 值（传热系数）计算及测定》GB/T 22476—2008，当中空玻璃的间隔层一个以上时，其 U 值也可根据本标准的迭代法计算。
9. 除中华人民共和国行业标准《建筑门窗玻璃幕墙热工计算规程》JGJ/T 151—2008 外，LOW-E 玻璃的传热系数亦可参考上海市工程建设规范《居住建筑节能设计标准》DGJ 08—205—2011</td></tr>
</table>

第6章　楼板及架空楼板节能设计

6.1　标准指标

楼板及架空楼板节能设计相关要求　　表6-1

		楼板传热系数 K 要求	架空楼板传热系数 K 要求
国标居建	体形系数≤0.4	$K \leqslant 2.0$	$K \leqslant 1.5$
	体形系数>0.4		$K \leqslant 1.0$
省标公建	甲类	无要求	$K \leqslant 0.7$
	乙类		$K \leqslant 1.0$
	丙类		$K \leqslant 1.5$
国标农居		无相关要求	

6.2　常用材料及主要计算参数

常用楼板节能构造材料　　表6-2

基层屋面板	钢筋混凝土板
保温材料	1. 无机轻集料保温砂浆Ⅲ型 2. 挤塑聚苯板(XPS) 3. 膨胀聚苯板(EPS) 4. 保温棉(矿棉，岩棉，玻璃棉板、毡)，其品种较多，具体详见附录C

建筑节能主要计算参数　　表6-3

材料名称	引用规范	导热系数	修正系数	相同厚度下，相当于XPS热工性能百分比
挤塑聚苯板	浙江省标准《公共建筑节能设计标准》DB 33/1036—2007	0.030	1.1	—
膨胀聚苯板		0.041	1.3	61.91%
保温棉		0.048	1.3	52.88%

续表

材料名称	引用规范	导热系数	修正系数	相同厚度下，相当于XPS热工性能百分比
无机保温砂浆Ⅲ型	《无机轻集料砂浆保温系统技术规程》JGJ 253—2011	0.100	1.25	26.40%

6.3 居住建筑常用做法

6.3.1 住宅：楼板设计

27mm无机保温砂浆Ⅲ型 **表6-4**

各层材料名称	厚度	导热系数	修正系数	修正后导热系数	蓄热系数	修正后蓄热系数	热阻值	热惰性指标
抗裂砂浆（网格布）	12	0.930	1.0	0.930	11.311	11.311	0.013	0.146
无机保温砂浆Ⅲ型	27	0.100	1.25	0.125	1.800	2.250	0.216	0.486
钢筋混凝土楼板	100	1.740	1.0	1.740	17.200	17.200	0.057	0.989
合计	139	—	—	—	—	—	0.286	1.62
楼板传热阻[(m²·K)/W]	$R_o=R_i+\sum R+R_i=0.506$					注：R_i 取0.11		
楼板传热系数[W/(m²·K)]	$K=1/R_o=1.98$							
国标居建4.0.4条文规定						$K\leqslant 2.0$		

20mm 挤塑聚苯板发热电缆采暖楼板(构造 1)　　表 6-5

各层材料名称	厚度	导热系数	修正系数	修正后导热系数	蓄热系数	修正后蓄热系数	热阻值	热惰性指标
细石混凝土	35	1.510	1.0	1.510	15.243	15.243	0.023	0.353
隔离层	0	—	—	—	—	—	—	—
挤塑聚苯板	20	0.030	1.1	0.033	0.360	0.396	0.606	0.240
界面剂	0	—	—	—	—	—	—	—
钢筋混凝土楼板	100	1.740	1.0	1.740	17.200	17.200	0.057	0.989
合计	155	—	—	—	—	—	0.687	1.58
楼板传热阻[(m²·K)/W]	$R_o=R_i+\sum R+R_i=0.907$				注：R_i 取 0.11			
楼板传热系数[W/(m²·K)]	$K=1/R_o=1.10$							

挤塑聚苯板厚度变化时，楼板热工参数如下		
厚度(mm)	30	40
传热系数 K	0.83	0.66
国标居建 4.0.4 条文规定		$K\leqslant 2.0$

20mm 挤塑聚苯板加热管采暖楼板(构造 2)　　表 6-6

各层材料名称	厚度	导热系数	修正系数	修正后导热系数	蓄热系数	修正后蓄热系数	热阻值	热惰性指标
细石混凝土	50	1.510	1.0	1.510	15.243	15.243	0.033	0.505
隔离层	0	—	—	—	—	—	—	—
挤塑聚苯板	20	0.030	1.1	0.033	0.360	0.396	0.606	0.240
界面剂	0	—	—	—	—	—	—	—
钢筋混凝土楼板	100	1.740	1.0	1.740	17.200	17.200	0.057	0.989
合计	170	—	—	—	—	—	0.697	1.73
楼板传热阻[(m²·K)/W]	$R_o=R_i+\sum R+R_i=0.917$				注：R_i 取 0.11			
楼板传热系数[W/(m²·K)]	$K=1/R_o=1.09$							

挤塑聚苯板厚度变化时，楼板热工参数如下		
厚度(mm)	30	40
传热系数 K	0.82	0.66
国标居建 4.0.4 条文规定		$K\leqslant 2.0$

6.3.2 住宅：底部自然通风和架空楼板设计

27mm 无机保温砂浆Ⅲ型+15mm 矿(岩)棉或玻璃棉板　表 6-7

各层材料名称	厚度	导热系数	修正系数	修正后导热系数	蓄热系数	修正后蓄热系数	热阻值	热惰性指标
抗裂砂浆（网格布）	12	0.930	1.0	0.930	11.311	11.311	0.013	0.146
无机保温砂浆Ⅲ型	27	0.100	1.25	0.125	1.800	2.250	0.216	0.486
钢筋混凝土楼板	100	1.740	1.0	1.740	17.200	17.200	0.057	0.989
保温棉	15	0.048	1.3	0.062	0.653	0.849	0.240	0.204
纸面石膏板	7	0.330	1.0	0.330	5.280	5.280	0.021	0.112
合计	161	—	—	—	—	—	0.548	1.94
楼板传热阻[(m²·K)/W]		$R_o=R_i+\sum R+R_e=0.698$				注：R_i 取 0.11，R_e 取 0.04		
楼板传热系数[W/(m²·K)]		$K=1/R_o=1.43$						

无机轻集料保温砂浆Ⅲ型厚度不变，保温棉厚度变化时，架空楼板传热系数如下

厚度(mm)	20	25	30	35
传热系数 K	1.29	1.17	1.01	0.98
国标居建 4.0.4 条的要求	体形系数≤0.4	$K\leqslant1.5$		
	体形系数>0.4	$K\leqslant1.0$		

6.4 公共建筑常用做法

6.4.1 公建：底部接触室外空气的架空和外挑楼板设计

30mm 矿(岩)棉或玻璃棉板 **表 6-8**

各层材料名称	厚度	导热系数	修正系数	修正后导热系数	蓄热系数	修正后蓄热系数	热阻值	热惰性指标
地面面层	0	—	—	—	—	—	—	—
C20 细石混凝土	30	1.510	1.0	1.510	15.243	15.243	0.020	0.303
钢筋混凝土楼板	100	1.740	1.0	1.740	17.200	17.200	0.057	0.989
保温棉	30	0.048	1.3	0.062	0.653	0.849	0.481	0.408
纸面石膏板	7	0.330	1.0	0.330	5.280	5.280	0.021	0.112
合计	167	—	—	—	—	—	0.579	1.81
楼板传热阻 [(m^2·K)/W]	$R_o=R_i+\sum R+R_e=0.729$				注：R_i 取 0.11，R_e 取 0.04			
楼板传热系数 [W/(m^2·K)]	$K=1/R_o=1.37$							

矿(岩)棉或玻璃棉板厚度变化时，架空楼板传热系数如下					
计算厚度(mm)	35	40	45	50	55
传热系数 K	1.24	1.12	1.03	0.95	0.89
计算厚度(mm)	60	65	70	75	—
传热系数 K	0.83	0.78	0.73	0.69	—
省标公建 4.2.1 条文的要求	甲类 $K\leqslant1.5$				
	乙类 $K\leqslant1.0$				
	丙类 $K\leqslant0.7$				

25mm 膨胀聚苯板（板面保温） 表 6-9

各层材料名称	厚度	导热系数	修正系数	修正后导热系数	蓄热系数	修正后蓄热系数	热阻值	热惰性指标
细石混凝土	40	1.740	1.0	1.740	17.060	17.060	0.023	0.392
膨胀聚苯板	25	0.042	1.3	0.055	0.290	0.377	0.458	0.173
钢筋混凝土楼板	100	1.740	1.0	1.740	17.200	17.200	0.057	0.989
水泥砂浆	20	0.930	1.0	0.930	11.370	11.370	0.022	0.245
合计	185	—	—	—	—	—	0.560	1.80
楼板传热阻[(m²·K)/W]	$R_o=R_i+\sum R+R_e=0.710$				注：R_i 取 0.11，R_e 取 0.04			
楼板传热系数[W/(m²·K)]	$K=1/R_o=1.41$							

膨胀聚苯板厚度变化时，架空楼板传热系数如下				
计算厚度(mm)	30	35	40	45
传热系数 K	1.25	1.12	1.02	0.93
计算厚度(mm)	50	55	60	65
传热系数 K	0.86	0.79	0.74	0.69
省标公建 4.2.1 条文的要求	甲类 $K\leqslant1.5$			
	乙类 $K\leqslant1.0$			
	丙类 $K\leqslant0.7$			

30mm 挤塑聚苯板（板面保温） 表 6-10

各层材料名称	厚度	导热系数	修正系数	修正后导热系数	蓄热系数	修正后蓄热系数	热阻值	热惰性指标
细石混凝土	40	1.740	1.0	1.740	17.060	17.060	0.023	0.392
挤塑聚苯板	30	0.030	1.2	0.036	0.360	0.432	0.833	0.360
钢筋混凝土楼板	100	1.740	1.0	1.740	17.200	17.200	0.057	0.989

续表

各层材料名称	厚度	导热系数	修正系数	修正后导热系数	蓄热系数	修正后蓄热系数	热阻值	热惰性指标
水泥砂浆	20	0.930	1.0	0.930	11.370	11.370	0.022	0.245
合计	190	—	—	—	—	—	0.935	1.99
楼板传热阻 [(m^2 · K)/W]	$R_o=R_i+\sum R+R_e=1.085$				注：R_i 取 0.11，R_e 取 0.04			
楼板传热系数 [W/(m^2 · K)]	$K=1/R_o=0.92$							

挤塑聚苯板厚度变化时，架空楼板传热系数如下			
计算厚度(mm)	35	40	45
传热系数 K	0.82	0.73	0.67
省标公建 4.2.1 条文的要求	甲类 $K\leqslant1.5$		
	乙类 $K\leqslant1.0$		
	丙类 $K\leqslant0.7$		

6.4.2 公建：计算机机房楼板设计

20mm 矿(岩)棉或玻璃棉板 **表 6-11**

各层材料名称	厚度	导热系数	修正系数	修正后导热系数	蓄热系数	修正后蓄热系数	热阻值	热惰性指标
地面面层	—	—	—	—	—	—	—	—
架空地板	350	—	—	—	—	—	—	—
保温棉	20	0.048	1.3	0.062	0.653	0.849	0.321	0.272
钢筋混凝土楼板	100	1.740	1.0	1.740	17.200	17.200	0.057	0.989
合计	120	—	—	—	—	—	0.378	1.261
楼板传热阻 [(m^2 · K)/W]	$R_o=R_i+\sum R+R_e=0.598$				注：R_i 取 0.11，R_e 取 0.04			
楼板传热系数 [W/(m^2 · K)]	$K=1/R_o=1.67$							

续表

各层材料名称	厚度	导热系数	修正系数	修正后导热系数	蓄热系数	修正后蓄热系数	热阻值	热惰性指标

保温棉厚度变化时，机房楼板传热系数如下

计算厚度(mm)	25	30	35	40	45
传热系数 K	1.48	1.32	1.19	1.09	1.00
计算厚度(mm)	50	55	60	65	70
传热系数 K	0.93	0.86	0.81	0.76	0.72

6.5 常用材料变更比较

相同热工性能下，材料厚度换算　　表 6-12

挤塑聚苯板(XPS)	30mm	35mm	40mm	45mm
膨胀聚苯板(EPS)	49	57	65	73
保温棉(矿棉，岩棉，玻璃棉板、毡)	57	67	76	86
无机保温砂浆Ⅲ型	114	133	152	171

6.6 注意措施

相关参考文件　　表 6-13

构造	国家建筑标准设计图集	《楼地面建筑构造》12J304
	浙江省建筑标准设计图集	《建筑地面》2000 浙 J37
标准	中华人民共和国行业标准	《地面辐射供暖技术规程》JGJ 142—2004
	中华人民共和国国家标准	《电子信息系统机房设计规范》GB 50174—2008 《计算机场地通用规范》GB/T 2887—2011
特殊	1. 对有特殊保温需求的房间(如需要恒温恒湿的计算机房)，其上下楼板应做节能处理，建议下楼板选用 $K \leqslant 1.5$ 的构造做法，上楼板(顶板)选用 $K \leqslant 1.5$ 的架空楼板构造做法。 2. 住宅架空楼板也可选用公建架空楼板的构造做法	

第7章　建筑节能设计分析软件与权衡判断

7.1　建筑节能设计分析软件

根据浙江省建设厅于2009年8月31日发布，并于2009年10月1日起实施的建设发〔2009〕218号《关于进一步加强我省民用建筑节能设计技术管理的通知》要求："节能计算软件必须满足浙江省标准《公共建筑节能设计标准》DB 33/1036—2007及浙江省标准《居住建筑节能设计标准》DB 33/1035—2003的内容，并应以DOE-Ⅱ为核心、采用标准配套提供的浙江省各地气象参数。并应通过省建设主管部门组织的、标准编制组参与的鉴定，方可有效"。

建设发〔2009〕218号文件中提到的DOE-Ⅱ核心即DOE-2计算内核。其为在美国能源部为首的多个单位提供的支持下，由劳伦斯伯克利国家实验室、Hirsch & Associates、顾问计算局、Los Alamos国家实验室、Argonne国家实验室和巴黎大学开发，采用FORTRAN语言编写的软件。20世纪七十年代末投入运行，目前最新版本为2.2，曾用于白宫、世贸中心、美国国务院等工程的建筑能耗计算。除美国外，DOE-2还被其他40多个国家用作建筑节能设计的计算工具，该计算内核的运行流程如图7-1所示：

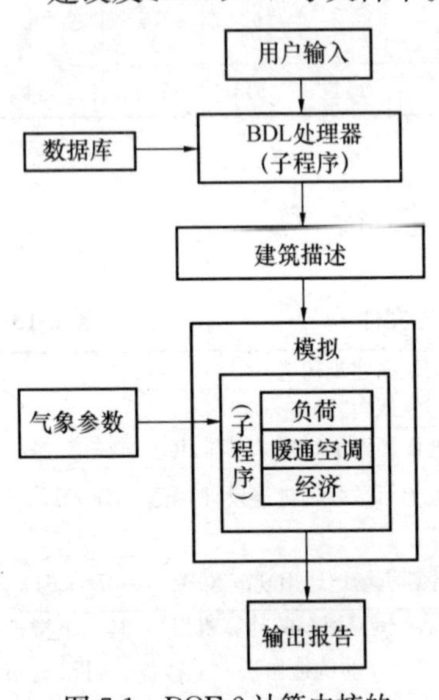

图7-1　DOE-2计算内核的运行流程示意

DOE-2 计算内核可以提供整幢建筑物逐时的能量消耗分析，用于计算系统运行过程中的能效和总费用，也可以用来分析围护结构(包括屋顶、外墙、外窗、地面、楼板、内墙等)、空调系统，电器设备和照明对能耗的影响。因为默认设备为美国产品，所以经济分析也仅适用于美国，因此在国内使用时建筑能耗计算只需输出负荷(能耗)报告、系统报告。

在北美研究界，多数情况下 DOE-2 是以计算内核形式存在。应用上更多时候采用的是基于 DOE-2 和 BLAST 的 EnergyPlus 能耗分析软件以及基于 DOE-2 开发的 eQUEST 能耗分析软件。

目前在浙江省地区采用的建筑节能分析软件主要为天正建筑节能分析软件 TBEC、PKPM 建筑节能分析软件 PBECA、斯维尔节能分析软件 BECS。这三种软件均为在 Autodesk 公司的 AutoCAD 平台上开发，以 DOE-2 作为计算内核的建筑节能分析软件，是比较科学实用的软件，可以大幅度降低建筑设计人员进行建筑节能分析的劳动强度，并提高劳动效率，减少工程误差，且设计人员可以根据计算的结果进行设计方案的调整和优化，在保证和提高建筑舒适性的条件下，使得设计更加合理。

7.2 综合判断(权衡判断)的规定

现行的民用建筑节能设计标准都提到了一个概念："综合判断(权衡判断)"。即为尊重建筑师的创意，在设计过程中，即便有违反强制性条文的做法，也不一定会因此不能通过审查，可以通过提高建筑其他部分的性能来满足整体建筑的计算能耗。

但根据中华人民共和国行业标准《夏热冬冷地区居住建筑节能设计标准》JGJ 134—2010 中第 4 部分建筑和围护结构热工设计的 4.0.4 条文说明，权衡判断只涉及屋面、外墙、外窗等与室外空气直接接触的外围护结构。

中华人民共和国国家标准《农村居住建筑节能设计标准》GB/T 50824—2013 未对综合判断(权衡判断)提出要求。

7.3 参照建筑与设计建筑

参照建筑与设计建筑的相关规定与要求　　表 7-1

规范名称	基本设定	超限处理	目标分析
国标居建	参照建筑与设计建筑必须形状、大小、朝向以及平面划分等方面完全相同	当设计建筑的体形系数超标时，与其形状、大小一样的参照建筑的体形系数一定也超标。由于控制体形系数的实际意义在于控制相对的传热面积，所以可通过将参照建筑的一部分表面积定义绝热面积达到与控制体形系数相同的目的。 窗户的大小对采暖空调能耗的影响比较大，当设计建筑的窗墙面积比超标时，通过缩小参照建筑窗户面积的办法，达到控制窗墙面积比的目的	从参照建筑的构建规则可以看出，所谓"建筑围护结构热工性能的综合判断"实际上就是允许设计建筑在体形系数、窗墙面积比、围护结构热工性能三者之间进行强弱之间的调整和弥补
省标公建	建筑形状、大小、朝向以及内部的空间划分和使用功能方面参照建筑必须与设计建筑完全一致	当设计建筑的窗墙面积比小于第 4.2.1 条的规定时，参照建筑的窗墙面积比按实取用，并按表 4.2.1 选取外围护结构的热工系数	为了尊重建筑师的创造性工作，同时又使所设计的建筑能够符合节能设计标准的要求，权衡判断不拘泥于建筑围护结构各个局部的热工性能，而是着眼于总体热工性能是否满足节能标准的要求。 计算出的并非是实际的采暖和空调能耗，而是某种"标准"工况下的能耗

续表

规范名称	基本设定	超限处理	目标分析
省建设发[2009]218号的公建要求	甲类建筑和乙类建筑需满足以下要求：		
	屋面		传热系数≤0.7W/(m^2·K)
	外墙(包括非透明幕墙)		平均传热系数≤1.0W/(m^2·K)
	当窗墙面积比大于0.4时		外窗的传热系数≤3.0W/(m^2·K)，遮阳系数≤0.40
	屋顶透明部分		传热系数≤3.0W/(m^2·K)，遮阳系数≤0.40
	丙类建筑需满足以下要求：		
	屋面		传热系数≤1.0W/(m^2·K)
	外墙(包括非透明幕墙)		平均传热系数≤1.5W/(m^2·K)
	当窗墙面积比大于0.4时		外窗的传热系数≤3.5W/(m^2·K)，遮阳系数≤0.8
	屋顶透明部分		传热系数≤3.5W/(m^2·K)，遮阳系数≤0.50
国标农居			未提及综合判断(权衡判断)相关内容

7.4 建筑围护结构热工性能综合判断案例

7.4.1 甲类公建案例1

甲类公建案例1建筑信息 **表7-2**

建筑节能计算层数	地上23层，地下2层
建筑节能计算高度	99.35
建筑节能计算面积	地上46316.74m^2，地下15629.41m^2
北向角度	85.7°(南偏东4.2°)
建筑类别	甲类建筑：办公建筑
体形系数	0.12
建筑窗墙比	东向：0.35，西向：0.35，南向：0.36，北向：0.37

<table>
<caption>甲类公建案例 1 参照建筑和设计建筑的热工参数　　表 7-3</caption>
<tr><th colspan="3">围护结构部位</th><th colspan="2">参照建筑</th><th colspan="3">设计建筑</th></tr>
<tr><td colspan="3">体形系数</td><td colspan="2">0.12</td><td colspan="3">0.12</td></tr>
<tr><td colspan="3">屋面传热系数</td><td colspan="2">0.50</td><td colspan="3">屋顶 1：0.50，
屋顶 2：0.47</td></tr>
<tr><td colspan="3">外墙平均传热系数
(包括非透明幕墙)</td><td colspan="2">0.70</td><td colspan="3">0.67</td></tr>
<tr><td rowspan="5">外窗(包括透明幕墙)</td><td>朝向</td><td>窗　墙　比</td><td>传热系数</td><td>遮阳系数</td><td>窗墙比</td><td>传热系数</td><td>遮阳系数</td></tr>
<tr><td>东</td><td>0.35(平均窗墙面积比：0.3<C_m≤0.4)</td><td>2.10</td><td>0.35</td><td>0.35</td><td>2.40</td><td>0.40</td></tr>
<tr><td>南</td><td>0.36(平均窗墙面积比：0.3<C_m≤0.4)</td><td>2.10</td><td>0.35</td><td>0.36</td><td>2.40</td><td>0.40</td></tr>
<tr><td>西</td><td>0.35(平均窗墙面积比：0.3<C_m≤0.4)</td><td>2.10</td><td>0.35</td><td>0.35</td><td>2.40</td><td>0.40</td></tr>
<tr><td>北</td><td>0.37(平均窗墙面积比：0.3<C_m≤0.4)</td><td>2.10</td><td>0.40</td><td>0.37</td><td>2.40</td><td>0.40</td></tr>
<tr><td colspan="2">屋顶透明部分</td><td>≤屋顶总面积的 20%</td><td>2.00</td><td>0.28</td><td>9.3</td><td>2.40</td><td>0.40</td></tr>
<tr><td colspan="3">地面和地下室外墙</td><td colspan="5">热阻</td></tr>
<tr><td colspan="3">地面热阻</td><td colspan="2">1.20</td><td colspan="3">1.21</td></tr>
<tr><td colspan="3">地下室外墙热阻(与土壤接触的墙)</td><td colspan="2">1.20</td><td colspan="3">1.28</td></tr>
</table>

甲类公建案例 1 参照建筑和设计建筑全年能耗对照　　表 7-4

计算结果	设计建筑	参照建筑
全年累计总负荷(kWh/m^2)	68.40	68.43

7.4.2　甲类公建案例 2

甲类公建案例 2 建筑信息　　表 7-5

建筑节能计算层数	地上 23 层，地下 2 层
建筑节能计算高度	96.35
建筑节能计算面积	地上 41299.32m^2，地下 21289.01m^2
北向角度	86.4°(南偏东 3.6°)
建筑类别	甲类建筑：旅馆建筑
体形系数	0.11
建筑窗墙比	东向：0.31，西向：0.31，南向：0.59，北向：0.51

甲类公建案例 2 参照建筑和设计建筑的热工参数　　表 7-6

围护结构部位			参照建筑		设计建筑		
体形系数			0.11		0.11		
屋面传热系数			0.50		0.64		
外墙平均传热系数（包括非透明幕墙）			0.70		0.93		
外窗（包括透明幕墙）	朝向	窗　墙　比	传热系数	遮阳系数	窗墙比	传热系数	遮阳系数
	东	0.31（平均窗墙面积比：$0.3<C_m\leqslant0.4$）	2.10	0.35	0.31	2.40	0.40
	南	0.59（平均窗墙面积比：$0.5<C_m\leqslant0.7$）	1.80	0.28	0.59	2.40	0.40
	西	0.31（平均窗墙面积比：$0.3<C_m\leqslant0.4$）	2.10	0.35	0.31	2.40	0.40
	北	0.51（平均窗墙面积比：$0.5<C_m\leqslant0.7$）	1.80	0.35	0.51	2.40	0.40
屋顶透明部分		≤屋顶总面积的 20%	—	—	—	—	
地面和地下室外墙			热阻 R[($m^2\cdot K$)/W]				
地面热阻			1.20		1.21		
地下室外墙热阻（与土壤接触的墙）			1.20		1.22		

甲类公建案例 2 参照建筑和设计建筑全年能耗对照　　表 7-7

计算结果	设计建筑	参照建筑
全年累计总负荷（kWh/m^2）	78.58	78.72

7.4.3　甲类公建案例 3

甲类公建案例 3 建筑信息　　表 7-8

建筑节能计算层数	地上 19 层
建筑节能计算高度	74.45
建筑节能计算面积	地上 16443.28m^2
北向角度	199.6°
建筑类别	甲类建筑：商场建筑
体形系数	0.16
建筑窗墙比	东向：0.41，西向：0.41，南向：0.46，北向：0.36

甲类公建案例 3 参照建筑和设计建筑的热工参数　　表 7-9

围护结构部位			参照建筑		设计建筑		
体形系数			0.16		0.16		
屋面传热系数			0.50		0.50		
外墙平均传热系数（包括非透明幕墙）			0.70		0.79		
外窗（包括透明幕墙）	朝向	窗　墙　比	传热系数	遮阳系数	窗墙比	传热系数	遮阳系数
	东	0.41（平均窗墙面积比：$0.4<C_m\leqslant 0.5$）	2.00	0.32	0.41	2.20	0.30
	南	0.46（平均窗墙面积比：$0.4<C_m\leqslant 0.5$）	2.00	0.32	0.46	2.20	0.29
	西	0.41（平均窗墙面积比：$0.4<C_m\leqslant 0.5$）	2.00	0.32	0.41	2.20	0.30
	北	0.36（平均窗墙面积比：$0.3<C_m\leqslant 0.4$）	2.10	0.40	0.36	2.20	0.29
屋顶透明部分		≤屋顶总面积的 20%	—	—	—	—	—
地面和地下室外墙			热阻 R(m^2·K)/W				
地面热阻			1.20		1.20		
地下室外墙热阻（与土壤接触的墙）			—		—		

甲类公建案例 3 参照建筑和设计建筑全年能耗对照　表 7-10

计算结果	设计建筑	参照建筑
全年累计总负荷(kWh/m^2)	140.07	140.27

7.4.4　乙类公建案例 1

乙类公建案例 1 建筑信息　　表 7-11

建筑节能计算层数	地上 6 层
建筑节能计算高度	23.65
建筑节能计算面积	地上 7557.75m^2
北向角度	90°
建筑类别	乙类建筑：综合楼
体形系数	0.17
建筑窗墙比	东向：0.31，西向：0.33，南向：0.51，北向：0.31

乙类公建案例 1 参照建筑和设计建筑的热工参数　　表 7-12

<table>
<tr><td colspan="3">围护结构部位</td><td colspan="2">参照建筑</td><td colspan="3">设计建筑</td></tr>
<tr><td colspan="3">体形系数</td><td colspan="2">0.17</td><td colspan="3">0.17</td></tr>
<tr><td colspan="3">屋面</td><td colspan="2">0.70</td><td colspan="3">0.62</td></tr>
<tr><td colspan="3">外墙平均传热系数
(包括非透明幕墙)</td><td colspan="2">1.00</td><td colspan="3">0.99</td></tr>
<tr><td rowspan="5">外窗(包括透明幕墙)</td><td>朝向</td><td>窗　墙　比</td><td>传热系数</td><td>遮阳系数</td><td>窗墙比</td><td>传热系数</td><td>遮阳系数</td></tr>
<tr><td>东</td><td>0.31(平均窗墙面积比：0.3<C_m≤0.4)</td><td>3.00</td><td>0.50</td><td>0.31</td><td>3.00</td><td>0.48</td></tr>
<tr><td>南</td><td>0.51(平均窗墙面积比：0.5<C_m≤0.7)</td><td>2.50</td><td>0.40</td><td>0.51</td><td>3.00</td><td>0.31</td></tr>
<tr><td>西</td><td>0.33(平均窗墙面积比：0.3<C_m≤0.4)</td><td>3.00</td><td>0.50</td><td>0.33</td><td>3.00</td><td>0.44</td></tr>
<tr><td>北</td><td>0.31(平均窗墙面积比：0.3<C_m≤0.4)</td><td>3.00</td><td>0.60</td><td>0.31</td><td>3.00</td><td>0.50</td></tr>
<tr><td colspan="2">屋顶透明部分</td><td>≤屋顶总面积的 20%</td><td>—</td><td>—</td><td>—</td><td>—</td><td>—</td></tr>
<tr><td colspan="3">地面和地下室外墙</td><td colspan="5">热阻</td></tr>
<tr><td colspan="3">地面热阻</td><td colspan="2">1.20</td><td colspan="3">1.28</td></tr>
<tr><td colspan="3">地下室外墙热阻(与土壤接触的墙)</td><td colspan="2">—</td><td colspan="3">—</td></tr>
</table>

乙类公建案例 1 参照建筑和设计建筑全年能耗对照　　表 7-13

计算结果	设计建筑	参照建筑
全年累计总负荷(kWh/m^2)	41.64	44.19

7.4.5　乙类公建案例 2

乙类公建案例 2 建筑信息　　表 7-14

建筑节能计算层数	地上 5 层
建筑节能计算高度	17.05
建筑节能计算面积	地上 1005.75m^2
北向角度	93°
建筑类别	乙类建筑：综合楼
体形系数	0.37
建筑窗墙比	东向：0.04，西向：—，南向：0.27，北向：0.19

乙类公建案例 2 参照建筑和设计建筑的热工参数　　表 7-15

围护结构部位			参照建筑		设计建筑		
体形系数			0.37		0.37		
屋面传热系数			0.70		0.64		
外墙平均传热系数（包括非透明幕墙）			1.00		0.99		
外窗（包括透明幕墙）	朝向	窗　墙　比	传热系数	遮阳系数	窗墙比	传热系数	遮阳系数
	东	0.04（平均窗墙面积比：$C_m \leqslant 0.2$）	4.70	—	0.04	3.40	0.83
	南	0.27（平均窗墙面积比：$0.2 < C_m \leqslant 0.3$）	3.50	0.55	0.27	3.40	0.83
	西	—	—	—	—	—	—
	北	0.19（平均窗墙面积比：$C_m \leqslant 0.2$）	4.70	—	0.19	3.40	0.83
屋顶透明部分		≤屋顶总面积的 20%	—	—	—	—	—
地面和地下室外墙			热阻				
地面热阻			1.20		1.21		
地下室外墙热阻（与土壤接触的墙）			—		—		

乙类公建案例 2 参照建筑和设计建筑全年能耗对照　　表 7-16

计算结果	设计建筑	参照建筑
全年累计总负荷（kWh/m^2）	62.55	65.28

7.4.6　居住建筑案例 1

居住建筑案例 1 建筑信息　　表 7-17

建筑节能计算层数	地上 7 层
建筑节能计算高度	21.00
建筑节能计算面积	地上 2770.39m^2
北向角度	90°（正南向）
体形系数	0.49
建筑窗墙比	东向：0.04，西向：0.08，南向：0.26，北向：0.14
外窗	气密性：（GB/T 7106—2008）6 级

居住建筑案例 1 参照建筑和设计建筑的热工参数　　表 7-18

围护结构部位 传热系数与热惰性	参照建筑		设计建筑	
屋面	D=2.50	K=0.60	D=3.23	K=0.63
外墙	D=2.50	K=1.00	D=4.36	K=0.73
架空楼板	K=1.00		K=2.29	
分户墙	K=2.00		K=0.85	
楼板	K=2.00		K=1.98	
楼梯间隔墙	K=2.00		K=0.85	
外走廊隔墙	—		—	
外窗	居建窗墙比按开间窗墙比分析		传热系数 2.30，遮阳系数 0.70	
户门	通往封闭空间	2.00 [W/(m^2·K)]	通往封闭空间	2.00 [W/(m^2·K)]
	通往非封闭空间	2.00 [W/(m^2·K)]	通往非封闭空间	2.00 [W/(m^2·K)]

居住建筑案例 1 参照建筑和设计建筑全年能耗对照　　表 7-19

计算结果	设计建筑	参照建筑
全年累计总负荷(kWh/m^2)	28.23	28.50

7.4.7　居住建筑案例 2

居住建筑案例 2 建筑信息　　表 7-20

建筑节能计算层数	地上 28 层
建筑节能计算高度	84.00
建筑节能计算面积	地上 20956.51m^2
北向角度	113°(南偏西 23°)
体形系数	0.39
建筑窗墙比	东向：0.07，西向：0.03，南向：0.36，北向：0.27
外窗	气密性：(GB/T 7106—2008)6 级

居住建筑案例 2 参照建筑和设计建筑的热工参数　　表 7-21

<table>
<tr><th>围护结构部位
传热系数与热惰性</th><th colspan="2">参照建筑</th><th colspan="2">设计建筑</th></tr>
<tr><td>屋面</td><td>D=2.50</td><td>K=1.00</td><td>D=2.99</td><td>K=0.933</td></tr>
<tr><td>外墙</td><td>D=2.50</td><td>K=1.50</td><td>D=3.12</td><td>K=1.43</td></tr>
<tr><td>架空楼板</td><td colspan="2">K=1.50</td><td colspan="2">K=1.25</td></tr>
<tr><td>分户墙</td><td colspan="2">K=2.00</td><td colspan="2">K=1.28</td></tr>
<tr><td>楼板</td><td colspan="2">K=2.00</td><td colspan="2">K=1.98</td></tr>
<tr><td>楼梯间隔墙</td><td colspan="2">K=2.00</td><td colspan="2">K=0.96</td></tr>
<tr><td>外走廊隔墙</td><td colspan="2">—</td><td colspan="2">—</td></tr>
<tr><td>外窗</td><td colspan="2">居建窗墙比按开间
窗墙比分析</td><td colspan="2">传热系数 2.60，
遮阳系数 0.70</td></tr>
<tr><td rowspan="2">户门</td><td>通往封
闭空间</td><td>—</td><td>通往封
闭空间</td><td>—</td></tr>
<tr><td>通往非封
闭空间</td><td>K=2.00</td><td>通往非封
闭空间</td><td>K=2.00</td></tr>
</table>

居住建筑案例 2 参照建筑和设计建筑全年能耗对照　　表 7-22

计算结果	设计建筑	参照建筑
全年累计总负荷(kWh/m^2)	20.52	20.57

附录 A　外墙基层材料与外墙保温材料市场分布变化

根据温州地区 2006 年至 2012 年 157 个工程，合计 983 万 m^2 建筑面积的数据取样统计，结果如下图：

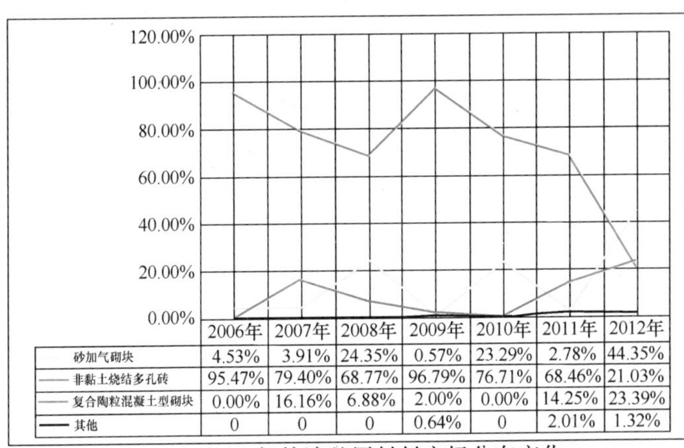

	2006年	2007年	2008年	2009年	2010年	2011年	2012年
砂加气砌块	4.53%	3.91%	24.35%	0.57%	23.29%	2.78%	44.35%
非黏土烧结多孔砖	95.47%	79.40%	68.77%	96.79%	76.71%	68.46%	21.03%
复合陶粒混凝土型砌块	0.00%	16.16%	6.88%	2.00%	0.00%	14.25%	23.39%
其他	0	0	0	0.64%	0	2.01%	1.32%

2006～2012 年外墙基层材料市场分布变化

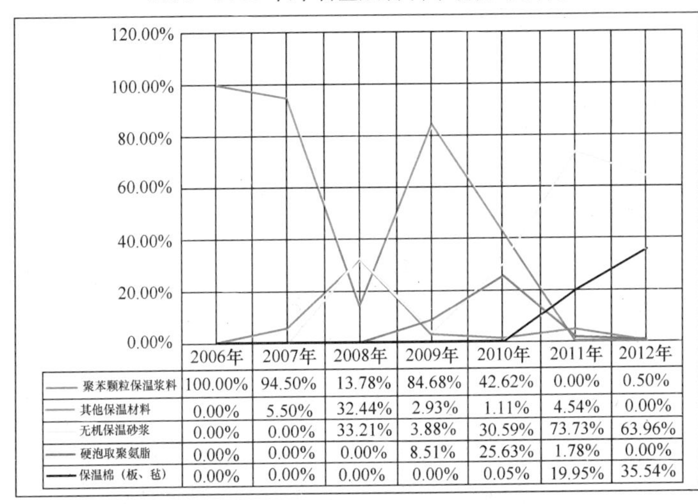

	2006年	2007年	2008年	2009年	2010年	2011年	2012年
聚苯颗粒保温浆料	100.00%	94.50%	13.78%	84.68%	42.62%	0.00%	0.50%
其他保温材料	0.00%	5.50%	32.44%	2.93%	1.11%	4.54%	0.00%
无机保温砂浆	0.00%	0.00%	33.21%	3.88%	30.59%	73.73%	63.96%
硬泡取聚氨脂	0.00%	0.00%	0.00%	8.51%	25.63%	1.78%	0.00%
保温棉（板、毡）	0.00%	0.00%	0.00%	0.00%	0.05%	19.95%	35.54%

2006～2012 年外墙保温材料市场分布变化

附录 B 聚苯乙烯关联制品材料性能参数比较

以下几种是比较常见的聚苯乙烯关联制品：

（1）中华人民共和国国家标准《绝热用模塑聚苯乙烯泡沫塑料》GB/T 10801.1—2002；

（2）中华人民共和国国家标准《绝热用挤塑聚苯乙烯泡沫塑料》（XPS）GB/T 10801.2—2002；

（3）中华人民共和国建筑工业行业标准《膨胀聚苯板薄抹灰外墙外保温系统》JG 149—2003；

（4）中华人民共和国建筑工业行业标准《胶粉聚苯颗粒外墙外保温系统》JG 158—2004；

（5）中华人民共和国建筑工业行业标准《现浇混凝土复合膨胀聚苯板外墙外保温技术要求》JG/T 228—2007。

聚苯乙烯关联制品的尺寸要求差异　　表 B-1

名　　称	长宽尺寸（mm）	对角线尺寸（mm）	厚度尺寸（mm）
绝热用模塑聚苯乙烯泡沫塑料 GB/T 10801.1—2002	<1000	<1000	<50
	1000～2000	1000～2000	50～75
	2000～4000	2000～4000	75～100
	>4000	>4000	>100
膨胀聚苯板薄抹灰外墙外保温系统 JG 149—2003			<50 ≥50
现浇混凝土复合膨胀聚苯板外墙外保温技术要求 JG/T 228—2007	<1000		<50 50～100 >100
绝热用挤塑聚苯乙烯泡沫塑料（XPS）GB/T 10801.2—2002	<1000	<1000	<50 ≥50
	1000～2000	1000～2000	
	>2000	>2000	

聚苯乙烯关联制品的热工性能差异 **表 B-2**

<table>
<tr><th>名　称</th><th>密度(kg/m^3)</th><th colspan="4">导热系数[W/(m·K)]</th><th>燃烧性能</th></tr>
<tr><td rowspan="6">绝热用模塑聚苯乙烯泡沫塑料 GB/T 10801.1—2002</td><td>15</td><td colspan="4" rowspan="2">0.041</td><td rowspan="6">B2 级</td></tr>
<tr><td>20</td></tr>
<tr><td>30</td><td colspan="4" rowspan="4">0.039</td></tr>
<tr><td>40</td></tr>
<tr><td>50</td></tr>
<tr><td>60</td></tr>
<tr><td>膨胀聚苯板薄抹灰外墙外保温系统 JG 149—2003</td><td>18～22</td><td colspan="4">≤0.041</td><td>阻燃型</td></tr>
<tr><td>现浇混凝土复合膨胀聚苯板
外墙外保温技术要求 JG/T 228—2007</td><td>18～22</td><td colspan="4">≤0.041</td><td>阻燃型</td></tr>
<tr><td rowspan="12">绝热用挤塑聚苯乙烯泡沫塑料（XPS）GB/T 10801.2—2002</td><td rowspan="12"></td><td></td><td>压强</td><td>10℃</td><td>25℃</td><td rowspan="12">B2 级</td></tr>
<tr><td rowspan="8">带表皮</td><td>X150</td><td rowspan="5">0.028</td><td rowspan="5">0.030</td></tr>
<tr><td>X200</td></tr>
<tr><td>X250</td></tr>
<tr><td>X300</td></tr>
<tr><td>X350</td></tr>
<tr><td>X400</td><td rowspan="3">0.027</td><td rowspan="3">0.029</td></tr>
<tr><td>X450</td></tr>
<tr><td>X500</td></tr>
<tr><td rowspan="2">不带表皮</td><td>W200</td><td>0.033</td><td>0.035</td></tr>
<tr><td>W300</td><td>0.030</td><td>0.032</td></tr>
<tr><td>胶粉聚苯颗粒外墙外保温系统 JG 158—2004</td><td>180～250
（浆料）</td><td colspan="4">≤0.060</td><td>B1 级</td></tr>
</table>

附录C　保温棉关联制品材料性能参数比较

以下几种是比较常见的保温棉关联制品：

（1）中华人民共和国建材行业标准《金属面岩棉、矿渣棉夹芯板》JC/T 869—2000；

（2）中华人民共和国国家标准《建筑用岩棉、矿渣棉绝热制品》GB/T 19686—2005；

（3）中华人民共和国国家标准《绝热用岩棉、矿渣棉及其制品》GB/T 11835—2007；

（4）中华人民共和国国家标准《建筑绝热用玻璃棉制品》GB/T 1795—2008。

保温棉关联制品的用途差异　　　　**表C-1**

名　称	主 要 用 途
金属面岩棉、矿渣棉夹芯板 JC/T 869—2000	用于工业与民用建筑的屋面及内外墙体
建筑用岩棉、矿渣棉绝热制品 GB/T 19686—2005	用于在建筑物围护结构及具有保温功能的建筑构件和地板
绝热用岩棉、矿渣棉及其制品 GB/T 11835—2007	用于在建筑物围护结构及具有保温功能的建筑构件和地板
建筑绝热用玻璃棉制品 GB/T 1795—2008	用于在建筑物围护结构及具有保温功能的建筑构件和地板

注：中华人民共和国建材行业标准《金属面岩棉、矿渣棉夹芯板》JC/T 869—2000已废止，目前暂无更新替代标准，改标准所提到的数据仅供参考，不可用于实际工程。

保温棉关联制品的热工性能差异 **表 C-2**

名称	常用厚度（mm）	热阻 R 导热系数[W/(m·K)]	面密度或密度		燃烧性能
金属面岩棉、矿渣棉夹芯板 JC/T 869—2000			面材厚度 0.5mm	面材厚度 0.6mm	不低于 30min
	50		13.5kg/m²	15.1kg/m²	
	80		16.5kg/m²	18.1kg/m²	
	100		18.5kg/m²	20.1kg/m²	不低于 60min
	120		20.5kg/m²	22.1kg/m²	
	150		23.5kg/m²	25.1kg/m²	
	200		28.5kg/m²	30.1kg/m²	
建筑用岩棉、矿渣棉绝热制品 GB/T 19686—2005	30	热阻 0.71	40～60kg/m³		A级
	50	热阻 1.20			
	100	热阻 2.40			
	150	热阻 3.57			
	30	热阻 0.75	61～80kg/m³		
	50	热阻 1.25			
	100	热阻 2.50			
	150	热阻 3.75			
	30	热阻 0.79	81～120kg/m³		
	50	热阻 1.32			
	100	热阻 2.63			
	150	热阻 3.95			
	30	热阻 0.75	121～200kg/m³		
	50	热阻 1.25			
	100	热阻 2.50			
	150	热阻 3.75			

续表

<table>
<tr><th colspan="2">名　称</th><th>常用厚度(mm)</th><th>热阻 R
导热系数
[W/(m·K)]</th><th>面密度或密度</th><th>燃烧性能</th></tr>
<tr><td rowspan="11">绝热用岩棉、矿渣棉及其制品 GB/T 11835—2007</td><td>棉</td><td></td><td>导热 0.044</td><td>≤150kg/m³</td><td rowspan="11">不燃材料</td></tr>
<tr><td rowspan="4">板</td><td rowspan="4">30～150</td><td>导热 0.044</td><td>40～80kg/m³</td></tr>
<tr><td>导热 0.044</td><td>81～100kg/m³</td></tr>
<tr><td>导热 0.043</td><td>101～160kg/m³</td></tr>
<tr><td>导热 0.044</td><td>161～300kg/m³</td></tr>
<tr><td rowspan="2">带</td><td rowspan="2"></td><td>导热 0.052</td><td>40～100kg/m³</td></tr>
<tr><td>导热 0.049</td><td>101～160kg/m³</td></tr>
<tr><td rowspan="2">毡、缝毡、贴面毡</td><td rowspan="2"></td><td>导热 0.044</td><td>40～100kg/m³</td></tr>
<tr><td>导热 0.043</td><td>101～160kg/m³</td></tr>
<tr><td>管壳</td><td></td><td>导热 0.044</td><td>40～200kg/m³</td></tr>
<tr><td rowspan="18">建筑绝热用玻璃棉制品 GB/T 1795—2008
（表中的导热系数和热阻的要求是针对制品，而密度是指去除外覆层的制品）</td><td rowspan="18">毡</td><td>50</td><td>热阻 0.95</td><td rowspan="3">10kg/m³
12kg/m³</td><td rowspan="18">无覆层制品不低于 A2 级，带覆层制品由供需双方商定</td></tr>
<tr><td>75</td><td>热阻 1.43</td></tr>
<tr><td>100</td><td>热阻 1.90</td></tr>
<tr><td>50</td><td>热阻 1.06</td><td rowspan="3">14kg/m³
16kg/m³</td></tr>
<tr><td>75</td><td>热阻 1.58</td></tr>
<tr><td>100</td><td>热阻 2.11</td></tr>
<tr><td>25</td><td>热阻 0.55</td><td rowspan="3">20kg/m³
24kg/m³</td></tr>
<tr><td>40</td><td>热阻 0.88</td></tr>
<tr><td>50</td><td>热阻 1.10</td></tr>
<tr><td>25</td><td>热阻 0.59</td><td rowspan="3">32kg/m³</td></tr>
<tr><td>40</td><td>热阻 0.95</td></tr>
<tr><td>50</td><td>热阻 1.19</td></tr>
<tr><td>25</td><td>热阻 0.64</td><td rowspan="3">40kg/m³</td></tr>
<tr><td>40</td><td>热阻 1.03</td></tr>
<tr><td>50</td><td>热阻 1.28</td></tr>
<tr><td>25</td><td>热阻 0.70</td><td rowspan="3">48kg/m³</td></tr>
<tr><td>40</td><td>热阻 1.12</td></tr>
<tr><td>50</td><td>热阻 1.40</td></tr>
</table>

续表

名称		常用厚度(mm)	热阻R 导热系数[W/(m·K)]	面密度或密度	燃烧性能
建筑绝热用玻璃棉制品GB/T 1795—2008（表中的导热系数和热阻的要求是针对制品，而密度是指去除外覆层的制品）	板	25	热阻 0.55	24kg/m^3	无覆层制品不低于A2级，带覆层制品由供需双方商定
		40	热阻 0.88		
		50	热阻 1.10		
		25	热阻 0.59	32kg/m^3	
		40	热阻 0.95		
		50	热阻 1.19		
		25	热阻 0.64	40kg/m^3	
		40	热阻 1.03		
		50	热阻 1.28		
		25	热阻 0.70	48kg/m^3	
		40	热阻 1.12		
		50	热阻 1.40		
		25	热阻 0.72	64/80/96kg/m^3	

附录D　硬质绝热制品性能比较

以下几种是比较常见的硬质绝热制品：

（1）中华人民共和国建材行业标准《泡沫玻璃绝热制品》JC/T 647—1996；

（2）中华人民共和国国家标准《绝热用硬质酚醛泡沫制品》GB/T 20974—2007。

硬质绝热制品的热工性能差异　　表 D-1

<table>
<tr><th>名　　称</th><th>厚度
(mm)</th><th>密度
(kg/m³)</th><th colspan="4">导热系数
[W/(m·K)]</th><th>燃烧性能</th></tr>
<tr><td rowspan="6">泡沫玻璃绝热制品 JC/T 647—1996</td><td rowspan="6">40～100</td><td rowspan="3">≤150</td><td></td><td>优等</td><td>一等</td><td>合格</td><td rowspan="6"></td></tr>
<tr><td>35℃</td><td>0.058</td><td>0.062</td><td>0.066</td></tr>
<tr><td>−40℃</td><td>0.046</td><td>0.050</td><td>0.054</td></tr>
<tr><td rowspan="3">151～180</td><td></td><td colspan="2">一等</td><td>合格</td></tr>
<tr><td>35℃</td><td colspan="2">0.062</td><td>0.066</td></tr>
<tr><td>−40℃</td><td colspan="2">0.050</td><td>0.054</td></tr>
<tr><td rowspan="4">绝热用硬质酚醛泡沫制品 GB/T 20974—2007</td><td rowspan="4"><50
50～100
>100</td><td></td><td colspan="2">10℃</td><td colspan="2">25℃</td><td rowspan="4">B1 级</td></tr>
<tr><td>≤60</td><td colspan="2">0.032</td><td colspan="2">0.035</td></tr>
<tr><td>61～120</td><td colspan="2">0.038</td><td colspan="2">0.040</td></tr>
<tr><td>>120</td><td colspan="2">0.044</td><td colspan="2">0.046</td></tr>
</table>

附录 E　聚氨酯制品性能比较

以下几种是比较常见的聚氨酯制品：

（1）中华人民共和国公共安全行业标准《软质阻燃聚氨酯泡沫塑料》GA 303—2001；

（2）中华人民共和国国家标准《喷涂硬质聚氨酯泡沫塑料》GB/T 20219—2006；

（3）中华人民共和国建材行业标准《喷涂聚氨酯硬泡体保温材料》JC/T 998—2006；

（4）中华人民共和国国家标准《建筑绝热用硬质聚氨酯泡沫塑料》GB/T 21558—2008。

聚氨酯制品的热工性能差异 **表 E-1**

<table>
<tr><th>名　称</th><th>厚度
(mm)</th><th>密度
(kg/m³)</th><th colspan="3">导热系数
[W/(m·K)]</th><th>燃烧性能</th></tr>
<tr><td>软质阻燃聚氨酯泡沫塑料 GA 303—2001</td><td>10～149</td><td></td><td colspan="3"></td><td>B1/B2</td></tr>
<tr><td rowspan="4">喷涂硬质聚氨酯泡沫塑料 GB/T 20219—2006</td><td rowspan="4"></td><td rowspan="4"></td><td rowspan="2">初始</td><td>10℃</td><td>0.020</td><td rowspan="4">应符合使用场所的防火等级要求</td></tr>
<tr><td>23℃</td><td>0.022</td></tr>
<tr><td rowspan="2">老化</td><td>10℃</td><td>0.024</td></tr>
<tr><td>23℃</td><td>0.026</td></tr>
<tr><td>喷涂聚氨酯硬泡体保温材料 JC/T 998—2006</td><td></td><td>30
35
50</td><td colspan="3">0.024</td><td>B2</td></tr>
<tr><td rowspan="6">建筑绝热用硬质聚氨酯泡沫塑料 GB/T 21558—2008</td><td rowspan="6">≤50
50～100
>100</td><td rowspan="2">25</td><td rowspan="2">一类</td><td>10℃</td><td>—</td><td rowspan="6"></td></tr>
<tr><td>23℃</td><td>0.026</td></tr>
<tr><td rowspan="2">30</td><td rowspan="2">二类</td><td>10℃</td><td>0.022</td></tr>
<tr><td>23℃</td><td>0.024</td></tr>
<tr><td rowspan="2">35</td><td rowspan="2">三类</td><td>10℃</td><td>0.022</td></tr>
<tr><td>23℃</td><td>0.024</td></tr>
</table>

附录 F　无机轻集料保温砂浆参数在国标与省标的比较

以下两部是浙江省内使用的无机轻集料保温砂浆技术规程：

（1）中华人民共和国行业标准《无机轻集料保温砂浆技术规程》JGJ 253—2011，以下简称“国标无机砂浆规程”；

（2）浙江省工程建设标准《无机轻集料保温砂浆及系统技术规程》DB33/T 1054—2008，以下简称“省标无机砂浆规程”。

热工参数与分类比较 **表 F-1**

项目	单位	省标无机砂浆规程			国标无机砂浆规程		
		C 型	B 型	A 型	Ⅰ型	Ⅱ型	Ⅲ型
干密度	kg/m^3	≤350	≤450	≤550	≤350	≤450	≤550
抗压强度	MPa	≥0.60	≥1.0	≥2.0	≥0.50	≥1.00	≥2.50
拉伸粘结强度	kPa	≥150	≥200	≥250	≥100	≥150	≥250
导热系数	W/(m·K)	≤0.070	≤0.085	≤0.100	≤0.070	≤0.085	≤0.100
燃烧性能		A1 级			A2 级		

应用部位比较 **表 F-2**

省标无机砂浆规程	国标无机砂浆规程
1. 外墙内保温及分户墙保温系统基本构造和楼地面保温系统不作耐候性、抗风荷载性能要求； 2. 无机轻集料保温砂浆 A 型主要用于辅助保温、复合保温及楼地面保温，B 型主要用于外保温，C 型主要用于内保温及分户墙保温	1. 外墙内保温系统的耐候性、耐冻融性能不作要求。 2. 无机轻集料保温砂浆Ⅲ型不宜单独用于外墙保温，主要用于辅助保温

外保温设计及饰面砖要求比较 **表 F-3**

项目		单位	省标无机砂浆规程	国标无机砂浆规程
			饰面砖的性能要求：外保温饰面砖应采用粘贴面带有燕尾槽的产品并不得带有脱模具	
单块尺寸	表面面积	cm^2	≤200	≤0.02
	厚度	cm	≤0.75	≤7.5
单位面积质量		kg/m^2	≤20	≤20
吸水率		%	1.0～3.0	无此项
抗冻性		—	10 次冻融循环无破坏	无此项
设计	一般规定		无机轻集料砂浆保温系统宜用于外保温系统，且外墙外保温厚度不宜大于 50mm	
	建筑构造		无机轻集料保温砂浆层厚度应符合墙体热工性能设计要求。应严格控制抗裂面层厚度，并应采取可靠抗裂措施确保抗裂面层不开裂。含耐碱布的抗裂面层厚度为：涂料面层不应小于 3mm，单层网布加面砖不应小于 5mm，双层网布加面砖不应小于 7mm	抗裂面层中应设置玻纤网，应严格控制抗裂面层厚度。涂料饰面时复合玻纤网的抗裂面层厚度不应小于 3mm；面砖饰面时复合玻纤网的抗裂面层厚度不应小于 5mm

常规性能指标比较

表 F-4

项　　目			省标无机砂浆规程	国标无机砂浆规程
耐候性	涂料饰面	循环后不得出现开裂、空鼓或脱落	经 80 次高温（70℃）、淋水（15℃）和 5 次加热（50℃）、冷冻（—20℃）	
	面砖饰面		经 80 次高温（70℃）、淋水（15℃）和 30 次加热（50℃）、冷冻（—20℃）	
	抗裂面层与保温层的拉伸粘结强度，并且破坏部位应位于保温层内		C 型保温砂浆：≥0.10MPa	Ⅰ型保温砂浆：≥0.10MPa
			B 型保温砂浆：≥0.15MPa	Ⅱ型保温砂浆：≥0.15MPa
			A 型保温砂浆：≥0.15MPa	Ⅲ型保温砂浆：≥0.25MPa
	饰面砖粘结强度（耐候性试验后）		平均值不得小于 0.4MPa，可有一个试样粘结强度小于 0.4MPa，但不应小于 0.3MPa	30 次冻融循环后，系统无空鼓、脱落，无渗水裂缝。经耐候性试验后，面砖饰面系统的拉伸粘结强度不应小于 0.4MPa
抗风荷载性能			系统抗风压值 R_d 不小于 6.0kPa	当需要检验外墙外保温系统抗风载性能时，性能指标和试验方法由供需双方协商确定
抗冲击性	普通型		≥3J，且无宽度大于 0.1mm 的裂缝；	（单层玻纤网）：3J，且无宽度大于 0.10mm 的裂纹
	加强型		≥10J，且无宽度大于 0.1mm 的裂缝	（双层玻纤网）：3J，且无宽度大于 0.10mm 的裂纹
抗裂面层不透水性			无此项	2h 不透水
吸水量（在水中浸泡 1h）			无此项	≤1000g/m^2
抗裂面层复合饰面层水蒸气湿流密度			平均不得小于 0.85g/(m^2·h)	≥0.85g/（m^2·h）

续表

项　目		单位	省标无机砂浆规程	国标无机砂浆规程
热阻			符合设计要求	
稠度保留率（1h）		%	无此项	≥60
线性收缩率		%	≤0.25	
软化系数		—	≥0.6	
抗冻性能	抗压强度损失率	%	≤20	
	质量损失率	%	≤5	
石棉含量			不含石棉纤维	
放射性			同时满足 I_{Ra}≤1.0 和 I_r≤1.0	
备注			1. 当导热系数有保障时，干密度指标可根据实际技术水平制订相应企业标准加以规定； 2. 保温砂浆用于内保温及分户墙保温和楼地面保温时软化系数和抗冻性能指标不作要求	无此项

配套耐碱网布（玻纤网）的性能要求比较　　　表 F-5

项　目	单　位	省标无机砂浆规程	国标无机砂浆规程
网孔中心距	mm	4～8	5～8
单位面积质量	g/m²	≥130	
拉伸断裂强力（经、纬向）	N/50mm	≥1000	≥750
断裂伸长率（经、纬向）	%	≤4.0	≤5.0
耐碱断裂强力保留率（经、纬向）	%	≥75	≥50
氧化锆、氧化钛含量	—	ZrO_2 含量为（14.5±0.8）%，TiO_2 含量为（6.0±0.5）%；或 ZrO_2 和 TiO_2 的含量≥19.2%，同时 ZrO_2 含量≥13.7%；或 ZrO_2 含量≥16.0%	无此项
可燃物含量	%	≥12	无此项

施工与验收要点比较　　表 F-6

<table>
<tr><th></th><th>省标无机砂浆规程</th><th>国标无机砂浆规程</th></tr>
<tr><td rowspan="2">施工要点</td><td>无特殊要求</td><td>保温砂浆施工应在界面砂浆形成强度前分层施工，每层保温砂浆厚度不宜大于 20mm；保温砂浆层与基层之间及各层之间粘结应牢固，不应脱层、空鼓和开裂</td></tr>
<tr><td colspan="2">在保温系统与非保温系统部分的接口部分，大面上的玻纤网应延伸搭接到非保温系统部分，搭接宽度不应小于 100mm</td></tr>
<tr><td rowspan="2">质量验收
（一般规定）</td><td>无特殊要求</td><td>保温系统采用的砂浆均为单组分砂浆，现场不得添加水以外的其他材料</td></tr>
<tr><td colspan="2">墙体（保温/节能）工程验收的检验批划分应符合下列规定：
1. 采用相同材料、工艺和施工做法的墙面，每 $500m^2$～$1000m^2$ 墙体保温施工面积应划分为一个检验批，不足 $500m^2$ 也应为一个检验批。
2. 检验批的划分也可根据与施工流程相一致且方便施工与验收的原则，由施工单位与监理（建设）单位共同商定</td></tr>
</table>

附录 G　技术支持单位名录

技术支持单位名称、地址、电话/传真、联系人　　表 G-1

<table>
<tr><td rowspan="3">温州市建筑设计研究院</td><td>地址</td><td colspan="3">温州市垟儿路 71 号</td></tr>
<tr><td>电话/传真</td><td colspan="3">0577—88830565　88833572</td></tr>
<tr><td>联系人</td><td colspan="3">王克斌 13706659250</td></tr>
<tr><td rowspan="3">温州建正节能科技有限公司</td><td>地址</td><td colspan="3">温州市垟儿路 71 号</td></tr>
<tr><td>电话/传真</td><td colspan="2">0577—88899059　88827525</td><td rowspan="2">绿色建筑、节能设计、咨询、评估（一类）</td></tr>
<tr><td>联系人</td><td>林胜华 13968887288</td><td>备注</td></tr>
<tr><td rowspan="3">温州建苑施工图审查咨询有限公司</td><td>地址</td><td colspan="3">温州市江滨西路欧洲城中心大楼 601 室</td></tr>
<tr><td>电话/传真</td><td colspan="3">0577—88835866　88822861</td></tr>
<tr><td>联系人</td><td colspan="3">李楚女 13857778089</td></tr>
</table>

续表

<table>
<tr><td rowspan="3">上海瓯速信息科技有限公司</td><td>地址</td><td colspan="3">闸北区广中西路777弄2号楼4楼A座</td></tr>
<tr><td>电话/传真</td><td colspan="3">021—22816010/021—22816010—80800</td></tr>
<tr><td>联系人</td><td>王如心 13857786085</td><td>备注</td><td>智能化系统集成</td></tr>
<tr><td rowspan="3">杭州浙大精创建筑节能科技有限公司</td><td>地址</td><td colspan="3">西湖区天目山路159号现代国际大厦北座6层606室</td></tr>
<tr><td>电话/传真</td><td colspan="2">0571—87952323</td><td rowspan="2">图审一类、节能评估一类</td></tr>
<tr><td>联系人</td><td>仇保强 13357166688</td><td>备注</td></tr>
<tr><td rowspan="3">杭州新宏基软件开发有限公司</td><td>地址</td><td colspan="3">杭州市文二路195号文欣大厦702室</td></tr>
<tr><td>电话/传真</td><td colspan="3">0571—88259363　88259263</td></tr>
<tr><td>联系人</td><td>施钟荣 13805745202</td><td>备注</td><td>设计、节能计算软件</td></tr>
<tr><td rowspan="3">温州秦汉陶粒轻墙材有限公司</td><td>地址</td><td colspan="3">温州市瓯江大桥渔渡工业区</td></tr>
<tr><td>电话/传真</td><td colspan="3">0577—88257577　88759730</td></tr>
<tr><td>联系人</td><td>李中和 13905776621</td><td>备注</td><td>自保温砌体材料</td></tr>
<tr><td rowspan="3">杭州伊得锐新能源技术有限公司</td><td>地址</td><td colspan="3">杭州市江干区新塘路19号采荷嘉业大厦1幢214室</td></tr>
<tr><td>电话/传真</td><td colspan="3">0571—86036683</td></tr>
<tr><td>联系人</td><td>曹明华 13588809110</td><td>备注</td><td>遮阳、光导系统</td></tr>
<tr><td rowspan="3">浙江瑞锦节能工程有限公司</td><td>地址</td><td colspan="3">杭州萧山区闻堰镇五金路38号</td></tr>
<tr><td>电话/传真</td><td colspan="3">0571—82313005</td></tr>
<tr><td>联系人</td><td>孙海庆 13758161088</td><td>备注</td><td>节能保温材料</td></tr>
</table>

主要参考书目

[1] 中国建筑工业出版社．建筑节能标准规范汇编[G]．北京：中国建筑工业出版社，2008：

[2] 中国建筑科学研究院．GB 50176—93 民用建筑热工设计规范[S]．北京：中国计划出版社，1993.

[3] 浙江大学建筑设计研究院，浙江省建筑设计研究院，浙江省气候中心．DB 33/1015—2003 居住建筑节能设计标准[S]．北京：中国建筑工业出版社，2003.

[4] 浙江大学建筑设计研究院，浙江省建筑设计研究院，浙江省气象科学研究所．DB 33/1036—2007 公共建筑节能设计标准[S]．北京：中国计划出版社，2007.

[5] 中国建筑科学研究院，中国建筑协会建筑节能专业委员会．GB 50189—2005 公共建筑节能设计标准[S]．北京：中国建筑工业出版社，2005.

[6] 中国建筑科学研究院．JGJ 134—2010 夏热冬冷地区居住建筑节能设计标准[S]．北京：中国建筑工业出版社，2010.

[7] 《全国民用建筑工程设计技术措施节能专篇》编委会．全国民用建筑工程设计技术措施节能专篇——建筑[M]．北京：中国计划出版社，2007.

[8] 中国建筑科学研究院．JGJ 142—2004《地面辐射供暖技术规程》[S]．北京：中国计划出版社，2007.

[9] 广东省建筑科学研究院，广东省建筑工程集团有限公司．JGJ/T 151—200 建筑门窗玻璃幕墙热工计算规程[S]．北京：中国建筑工业出版社，2009.

[10] 北京土木建筑学会．建筑节能工程设计手册[M]．北京：北京科学出版社，2005.

[11] 北京土木建筑学会．建筑节能工程施工手册[M]．北京：北京科学出版社，2005.

[12] 李保峰，李钢．建筑表皮——夏热冬冷地区建筑表皮设计研究[M]. 北京：中国建筑工业出版社，2009.
[13] 徐吉浣，寿炜炜．公共建筑节能设计指南[M]. 上海：同济大学出版社，2007.
[14] 住房和城乡建设部标准定额研究所．居住建筑节能设计标准应用技术导则——严寒和寒冷、夏热冬冷地区[M]. 北京：中国建筑工业出版社，2010.
[15] 国家住宅与居住环境工程技术研究中心设计建造研究室策划．砌体建筑设计与节能技术[M]. 北京：中国建筑工业出版社，2011.
[16] 徐峰，周爱东，刘兰．建筑围护结构保温隔热应用技术[M]. 北京：中国建筑工业出版社，2010.
[17] 中国建筑工程总公司．ZJQ00-SG-007-2003 屋面工程施工工艺标准[S]. 北京：中国建筑工业出版社，2003.
[18] 王立久，艾红梅．新型屋面材料[M]. 北京：中国建材工业出版社，2012.
[19] 罗忆，刘忠伟．建筑节能技术与应用[M]. 北京：化学工业出版社，2007.
[20] 刘旭琼，林永日，殷岭．建筑节能门窗配套件技术问答[M]. 北京：化学工业出版社，2009.
[21] 涂逢祥．节能窗技术[M]. 北京：中国建筑工业出版社，2003.
[22] 邓学才．建筑地面与楼面手册[M]. 北京：中国建筑工业出版社，2005.
[23] 全国墙体屋面及道路用建筑材料标准化技术委员会，建筑材料工业技术监督研究中心，中国标准出版社．建筑材料标准汇编：墙体屋面及道路用材料(上)[M]. 北京：中国标准出版社，2012.
[24] 全国墙体屋面及道路用建筑材料标准化技术委员会，建筑材料工业技术监督研究中心，中国标准出版社．建筑材料

标准汇编：墙体屋面及道路用材料(下)[M]. 北京：中国标准出版社，2012.
[25] 中国标准出版社第六编辑室. 建筑外墙保温标准汇编[M]. 北京：中国标准出版社，2010.
[26] 建筑材料工业技术监督研究中心，中国质检出版社第五编辑室. 建筑材料标准汇编：建筑吸声和隔声材料[M]. 第2版. 北京：中国质检出版社，中国标准出版社，2011.
[27] 中国标准出版社第六编辑室. 建筑节能门窗标准汇编[M]. 第2版. 北京：中国标准出版社，2010.
[28] 国家玻璃纤维产品质量监督检验中心，全国绝热材料标准化技术委员会，中国标准出版社第五编辑室. 建筑材料标准汇编：绝热(保温)材料[M]. 北京：中国标准出版社，2010.
[29] 中华人民共和国住房和城乡建设部. GB/T 50824—2013 农村居住建筑节能设计标准[S]. 北京：中国建筑工业出版社，2012.